Die spektakulärsten ROBOTER der Welt

arsEdition

Bildnachweis

Alamy Stock Photo/REUTERS/Yuya Shino Cover; © American Honda Motor Co.Inc 30; The Australian Centre for Field Robotics at the University of Sydney http://sydney.edu.au/acfr/agriculture 5 (unten); Christoph Bartneck 57 (oben links); CMU Field Robotics Center 29 (unten links); Compressorhead Rocks/ © Norman Konrad 46 (unten), Titelei, / © David Medeiro – heyjoeynyc 47 (unten links); / © Martin Nicholas 46 (Mitte links), 47 (oben); Computer History Museum/Courtesy of SRI International 14; CSA 24; Photo: Festo 5 (oben); Courtesy of Flyability – www.flyability.com 29 (oben links); © Frauenhofer IPA 37 (unten rechts); Getty Images /BSIP/UIG via Getty 49 (oben rechts), /JIJI PRESS/AFP 54-5, /Koichi Kamoshida/Staff 52-3, /Patrick CHAPUIS/ Gamma-Rapho via 28 (unten), /Photo by Albert L. Ortega/WireImage 16 (rechts), /Photo by CBS via Getty, 17 (unten links), / Photographer David Paul Morris/Bloomberg via Getty 15 (oben rechts), /Photographer Nicky Loh/Bloomberg via Getty 10, / STR/AFP 37 (Mitte links), 41 (oben rechts), /TOSHIFUMI KITAMURA/AFP 31(unten Mitte, 40-1, 41 (unten rechts), 42 (unten) 43 (oben); © 2017/Intuitive Surgical, Inc 34-5, 35 (unten rechts); JPL-Caltech 56 (oben); Photo courtesy of Murata Manufacturing Co., Ltd 56 (unten); Musée d'art et d'histoire, Neuchâtel, Switzerland 7; NASA 4 (unten), 25, 29 (unten rechts), (oben rechts), 32 (unten links), 32-3, 33 (unten links), 50-1; /JPL-Caltech/MSSS 51 (unten rechts); National Oceanography Centre 20 (oben); Frederic Osada & Teddy Seguin/DRASSM 21 (oben); REX/Shutterstock/ 17 (oben), /MGM 17 (unten rechts);/ Lucasfilm/20th Century Fox; 19 (oben); Science Photo Library/Adam Hart-Davies 6 (rechts), /David Parker 13 (oben links), /Sam Ogden 22; SERBOT 36 (unten rechts); Photo SERVA-TS 37 (oben); Shutterstock.com 5 (Mitte), 9 (unten rechts), 26 (oben), 26 (unten), 31 (unten rechts), 31 (unten links), 31 (oben), 35 (Mitte), 35 (oben rechts), 38 (oben), 38 (unten), 39, 47 (unten rechts), 48-9, 53 (unten rechts), 58 (unten links), 59 (Mitte), /Andrei Kholmov 12 (unten), /Featureflash Photo Agency 18 (unten links), / Sarunyu L 19 (unten), / SvedOliver 13 (oben rechts); ©Soft Bank Robotics 36 (links); TATRC 55 (oben rechts); Wikipedia Commons: 4 (Mitte), 6 (links), 8, 9 (oben rechts), 13 (unten), 16 (links), 18-19, 21 (unten rechts), 21 (unten links), 22-3, 26-7, 27 (unten), 42 (oben), 43 (unten links), 44-5, 49 (unten rechts), 52 unten links, 53 oben rechts, 55 (unten rechts), 57 (unten links), 57 (oben rechts), 58 (oben), 59 (unten), 59 (oben links); /Alf van Beem 13 (unten), /MattiPaavola 15 (unten rechts), / NASA) 28 (oben), /U.S. Army photo by Sgt. Kimberly Hackbarth, 4th SBCT, 2nd Inf. Div. Public Affairs Office 45 (oben), /U.S. Navy photo by Lithographer's Mate 1st Class John P. 20 (unten); / U.S. Navy photo by Mass Communication Specialist 2nd Class Jhi L. Scott/ Released 44 (oben), / With permission of Richard Greenhill and Hugo Elias 11.

Es wurde jede Anstrengung unternommen, die Bildnachweise korrekt zu erstellen und die Copyright-Inhaber aller Bilder zu ermitteln. Der Originalverlag entschuldigt sich für alle unvollständigen Angaben und wird gegebenenfalls Korrekturen in zukünftigen Ausgaben vornehmen.

Die Originalausgabe ist bei The Watts Publishing Group erschienen.
Titel der Originalausgabe: A Robot World

Designer: Lisa Peacock
Lektor: Nicola Edwards
Bildrecherche: Kathy Lockley
Printed in China

Aus dem Englischen von Burkhard Schäfer
ISBN 978-3-8458-2755-1

Printed in China

FSC www.fsc.org
MIX
Papier aus verantwortungsvollen Quellen
FSC® C010256

INHALT

Welt der Roboter

Roboter sind erstaunliche, anpassungsfähige Maschinen. Viele arbeiten ohne menschliche Hilfe und erledigen ihre Aufgaben ausdauernder und genauer als Menschen. Ausgehend von nur wenigen echten Robotern im 20. Jahrhundert, hat ihre Zahl stark zugenommen. Inzwischen sind sie auf der ganzen Welt und auch im Weltraum im Einsatz.

USA

Der Roboter PR2 hat zwei Arme, die sich für viele Aufgaben programmieren lassen. Ihm wurde sogar beigebracht, wie man Wäsche zusammenlegt und den perfekten Kaffee macht!

WELTRAUM

Der humanoide (»menschenähnliche«) Robonaut 2 wurde 2011 zur Internationalen Raumstation ISS geschickt. Er dient als Testgerät für mögliche humanoide Roboter, die menschliche Astronauten zukünftig entlasten könnten.

DEUTSCHLAND

Viele mobile Roboter rollen auf Rädern oder Ketten. Dieser Roboter der Firma Festo springt dagegen wie ein Känguru. Beim Landen speichert er Energie für den nächsten, bis zu 80 cm weiten Sprung.

JAPAN

In der japanischen Industrie arbeiten Tausende von Robotern. Einige wie Nao (rechts) und Pepper (Seite 36) dienen in Banken, Geschäften und Büros als Führer und Assistenten.

AUSTRALIEN

Die meisten Roboter findet man in Fabriken und Büros. In Australien arbeiten manche auch auf Bauernhöfen. Der solargetriebene Ladybird (»Marienkäfer«, rechts) erntet Gemüse, RIPPA spritzt auf Feldern Pflanzenschutzmittel gegen Unkraut, und SwagBot, ein geländegängiger Roboter, hütet Rinder.

Automaten

Schon in der Vergangenheit waren Menschen von Maschinen fasziniert und bauten lebensechte mechanische Figuren, die sich wie Menschen oder Tiere bewegten. Solche von Federn, Hebeln, Zahnrädern und anderen mechanischen Teilen angetriebene »Automaten« wurden von Uhrmachern in Europa, dem Nahen Osten und Asien angefertigt.

MECHANISCHE ENTE

Der französische Uhrmacher Jacques de Vaucanson baute 1739 eine bemerkenswerte mechanische Ente. Sie konnte mit den Flügeln flattern und ihren Hals recken, um einem Menschen Körner aus der Hand zu fressen. Kurz danach schied sie diese in Form von gepressten Grashalmen wieder aus.

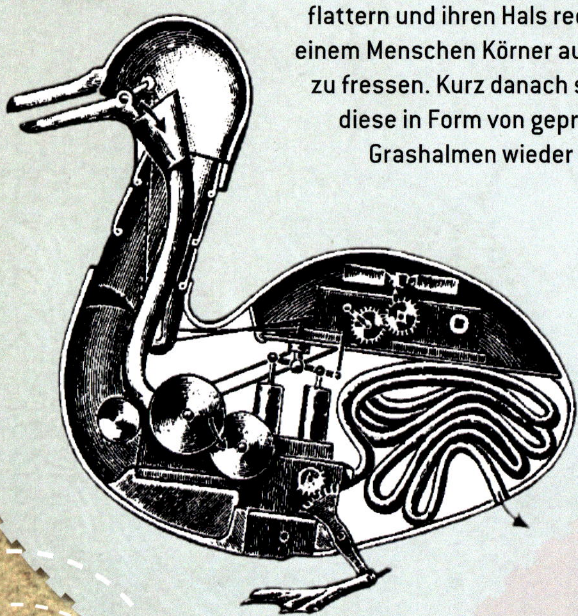

KARAKURI

In Japan entstanden während der Edo-Zeit (1603–1868) »Karakuri ningyo« (»mechanische Geräte, die wie Menschen aussehen«). Dieser 1860 gebaute Bogenschütze aus Gips hat Hebel und Zahnräder aus Holz. Von einer Feder angetrieben, nimmt er einen Pfeil und schießt ihn 3 bis 4 m weit, während zwei zuschauende Frauen winken, klatschen und eine Glocke läuten.

AUTOMATEN VON JAQUET-DROZ

Der Schweizer Uhrmacher Pierre Jaquet-Droz und sein Sohn Henri-Louis bauten im 18. Jahrhundert einige der kompliziertesten und besonders echt aussehenden Automaten, darunter den Schreiber (unten/rechts) und die Musikerin. Sie besteht aus 2500 Teilen, kann ihre Finger bewegen und auf einem Tasteninstrument spielen. Wenn sie fertig ist, verbeugt sie sich.

DER SCHREIBER

Die Anfang der 1770er-Jahre gebaute Figur stellt einen Jungen auf einem hölzernen Schemel dar. Er kann ohne Hilfe in eleganter Schrift Texte mit bis zu 40 Zeichen in vier Zeilen schreiben.

KOPF

Zahnräder im Kopf drehen diesen und bewegen die Augen, sodass er scheinbar das Geschriebene verfolgt.

TINTENFASS

Der Behälter enthält echte Tinte. Bevor der Automat eine Zeile schreibt, taucht er mit der rechten Hand den Federkiel, eine Gänsefeder, in das Fass ein.

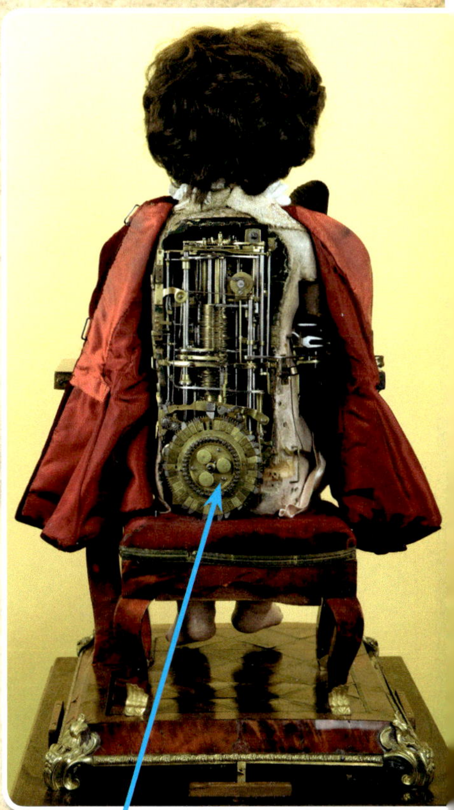

PROGRAMMIERBARE SCHEIBE

Im Inneren der Figur trägt eine Messingscheibe 40 veränderbare Nocken. Sie entsprechen den Buchstaben und Schriftzeichen, die die Figur schreibt. Damit ist diese eine der ersten programmierbaren Maschinen überhaupt.

Der außergewöhnliche Elektro

In den 1920er- und 1930er-Jahren entstand eine neue Generation menschenähnlicher Maschinen, die sich mechanisch und elektrisch angetrieben bewegten, sprachen und bestimmte Aufgaben ausführten. Besonders fortschrittlich war Elektro.

Der von der US-Firma Westinghouse gebaute »Metallmann« war 2,1 m groß und wog 120 kg. Er war die Sensation auf der Weltausstellung 1939 in New York.

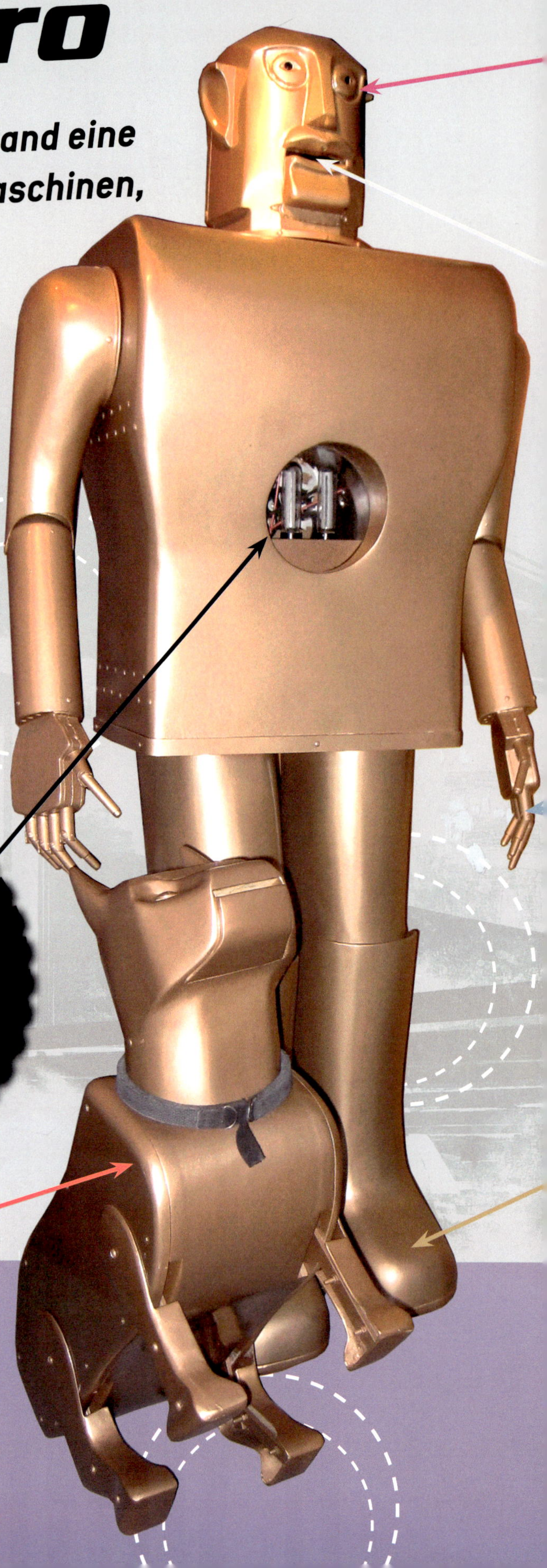

BRUST

Unter der Aluminiumverkleidung befanden sich ein Empfänger und eine Glühlampe, die blinkte, wenn jemand mit dem Roboter sprach.

HUND

1940 erhielt Elektro seinen Roboterhund Sparko. Durch zwei Elektromotoren über Zahnräder und Riemen angetrieben, konnte er laufen, sitzen, betteln und mit dem Schwanz wedeln.

AUGEN

Die Augen bestanden aus zwei lichtempfindlichen Zellen, sogenannten Fotozellen. Sie sendeten ein elektrisches Signal, wenn auf sie Licht einer bestimmten Farbe fiel. So konnte Elektro Grün und Rot unterscheiden.

MUND

Der Mund öffnete und schloss sich beim Sprechen. Elektro sprach einige Sätze wie »Mein Gehirn ist größer als deines«. Den vorab auf Schallplatte aufgezeichneten Text spielte ein in der Nähe verborgener Plattenspieler ab.

GELENKIGE FINGER

Über Seilzüge konnte Elektro seine Finger bewegen und einige kleine Objekte wie beispielsweise einen Dirigentenstab greifen.

ERSTER BRITISCHER ROBOTER

1928 bauten William H. Richards und Alan Reffell den Roboter Eric hauptsächlich aus Aluminium. Der 45 kg schwere Roboter konnte seinen Kopf drehen und die Arme bewegen. Nach einer Welttournee wurde er verschrottet. 2017 baute ihn das Science Museum in London für eine Ausstellung nach.

FÜSSE

Elektro wechselte beim Laufen nicht von einem Bein auf das andere wie die meisten humanoiden Roboter heute. Unter den 45 cm langen Füßen trieb jeweils ein Elektromotor vier Rollen an.

METALLMODELLE

Wie Maschinenmenschen aussehende Blechmodelle waren beliebte Spielzeuge. Die Modelle rechts stammen aus den 1950er- und 1960er-Jahren.

Grundlagen

Roboter gibt es in verschiedenen Formen und Größen. Manche werden von Menschen ferngesteuert, autonome können dagegen längere Zeit ohne menschliche Überwachung arbeiten. Der 2012 von Rethink Robotics gebaute Baxter ist ein zweiarmiger Mehrzweckroboter für Industrie und Forschung. Viele seiner Bestandteile finden sich in allen Robotern.

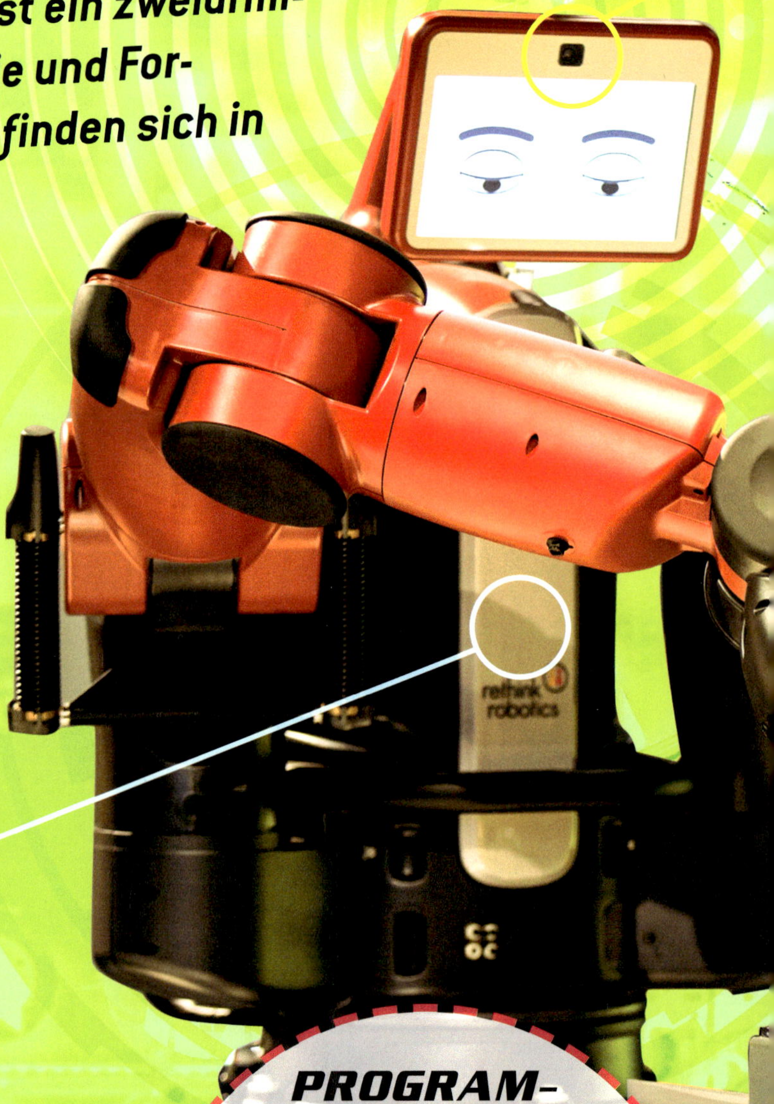

STEUERUNG

Sie ist das »Gehirn« des Roboters und besteht in der Regel aus einem Mikroprozessorchip oder Mikrocomputer. Er steuert das Zusammenwirken der einzelnen Roboterteile und trifft Entscheidungen auf der Grundlage der Daten, die die Teile und Sensoren des Roboters liefern. Manche Roboter werden von außen von großen Computern über Funksignale gesteuert.

PROGRAMMIERUNG

Die meisten Steuerungen sind immer wieder neu programmierbar, sodass der Roboter verschiedene Aufgaben ausführen kann. Bei manchen Robotern muss man die Programme auf Computern schreiben und in die Maschine laden. Baxter lässt sich programmieren, indem man seine Hand bezüglich der Aufgabe entsprechend bewegt.

SENSOREN

Diese »Fühler« erfassen und messen Informationen über den Roboter und seine Umgebung, wie z. B. Licht oder Temperatur, und senden sie an die Robotersteuerung. Auch Kameras sind Sensoren, die Bilder erfassen. Kontaktsensoren erkennen, wenn der Roboter etwas berührt; Näherungssensoren messen den Abstand zwischen dem Roboter und Objekten in seiner Nähe.

ANTRIEBS-SYSTEM

Es ermöglicht dem Roboter, seine Bestandteile zu bewegen. Baxter wird wie viele andere Roboter auch von Elektromotoren angetrieben, die die Gelenke in seinen Armen und seinem Körper bewegen. Manche Roboter werden pneumatisch durch Druckluft oder andere Gase angetrieben. Andere Roboter haben hydraulische Antriebe, bei denen Flüssigkeiten in Zylindern Kolben bewegen.

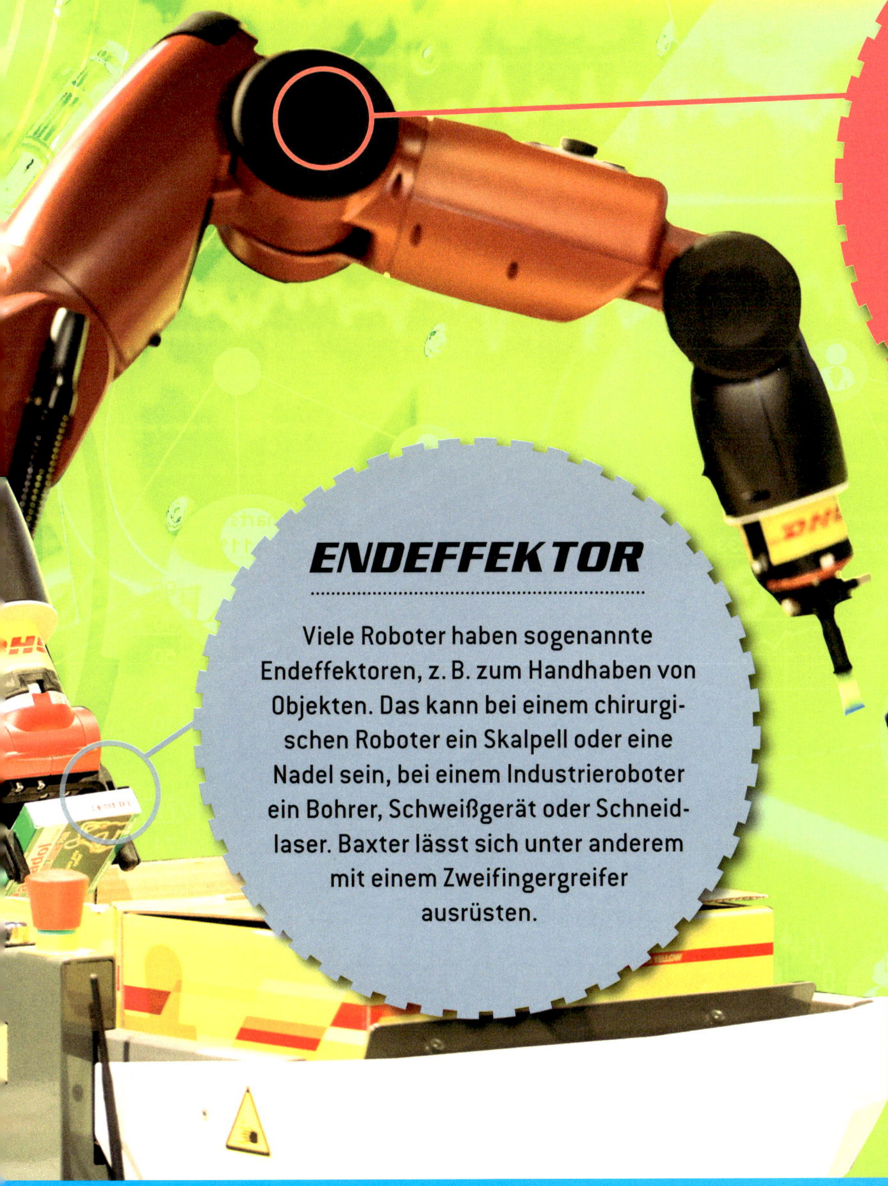

ENDEFFEKTOR

Viele Roboter haben sogenannte Endeffektoren, z. B. zum Handhaben von Objekten. Das kann bei einem chirurgischen Roboter ein Skalpell oder eine Nadel sein, bei einem Industrieroboter ein Bohrer, Schweißgerät oder Schneidlaser. Baxter lässt sich unter anderem mit einem Zweifingergreifer ausrüsten.

Jede Richtung, in die sich ein Roboter oder ein Teil bewegen kann, wird »Freiheitsgrad« genannt. Die Shadow Dextrous Hand (rechts), ein hoch entwickelter Endeffektor mit 20 Freiheitsgraden, kann viele verschiedene Objekte und Werkzeuge handhaben.

Industrie-roboter

Roboter sind fleißige Arbeiter: Sie sind rund um die Uhr in Betrieb und brauchen nur kurze Pausen für eine Wartung oder eine neue Programmierung. Unimate war 1961 der erste Industrieroboter, inzwischen sind über zwei Millionen im Einsatz.

UNIMATE

George Devol und Joseph Engelberger entwickelten den zwei Tonnen schweren Unimate für die Handhabung rot glühender Metallteile in einer GM-Autofabrik in Michigan, USA. Mit den Greifern an seinem stählernen Arm konnte Unimate bis zu 150 kg schwere Teile heben. 1971 wurde er nach 100 000 Betriebsstunden ausgemustert.

ROBOTERARME

Nach dem Erfolg von Unimate entwickelten sich rasch vielseitig einsetzbare Roboterarme. Viele haben wie wir menschliche Arme, Schulter-, Ellbogen- und Handgelenk. Über Sensoren an den Gelenken kennt der Roboter ihren genauen Winkel und ihre Position. Derartige Roboter lassen sich so programmieren, dieselbe Aufgabe, wie das Spritzlackieren eines Autos, präzise zu wiederholen.

PUNKT-SCHWEISSROBOTER

Die Funken fliegen, wenn ein Roboter Autoteile verschweißt. Dabei verschmilzt das Blech und bildet eine feste Verbindung. Die etwa 4000 Schweißpunkte eines Autos können mehrere Roboter in wenigen Minuten präzise herstellen.

PICKROBOTER

Mit Vakuumsaugnäpfen kann dieser Roboter Autofenster sicher handhaben. In vielen Fabriken nehmen und platzieren solche »Pickroboter« Objekte zum Montieren oder Verpacken. Der ABB 360-6 FlexPicker ist einer der schnellsten der Welt: Er kann in einer Minute 400 Objekte handhaben!

FTF

Fahrerlose Transportfahrzeuge (FTF) wie dieser Containertransporter im Hafen von Rotterdam, Niederlande, sind Roboterfahrzeuge. Sie sind oft dafür programmiert, auf festgelegten Wegen Teile und Material zu befördern. Manche folgen mit lichtempfindlichen Sensoren hellen Linien auf dem Boden einer Fabrik.

Super Shakey

Ende der 1960er-Jahre untersuchten Wissenschaftler, wie sich bewegende Roboter selbstständig ihren Weg finden könnten. Den ersten Roboter, der selbst Entscheidungen treffen konnte, baute das Stanford-Forschungsinstitut in den USA. Er wurde Shakey genannt, weil er beim Fahren schwankte!

EINGEBAUTE LOGIK

Elektronische Schaltkreise im Gehäuse übersetzten Befehle von einem Computer in Anweisungen zum Fahren oder Lenken. Wurde der Roboter angewiesen, zu einer bestimmten Stelle zu fahren, konnte er den besten Weg dorthin selbst ausarbeiten.

TASTHAARE

Lange Schleifen aus Draht dienten als Näherungssensoren: Durch sie merkte Shakey, wenn er gegen etwas gefahren war.

ANTENNE

Über eine Funkverbindung war Shakey an seinen großen Steuerungscomputer angeschlossen. Der Computerspeicher enthielt eine Karte aller Laborräume, in denen sich Shakey bewegen konnte.

ENTFERNUNGSMESSER

Vorausliegende Objekte reflektierten Licht von diesem Gerät. Anhand der Reflexion ließ sich der Abstand zu den Objekten ermitteln. So konnte Shakey Hindernisse umfahren und Türen finden.

Heute sind mobile Roboter weit verbreitet. In den Lagerhäusern des Online-Versands Amazon verteilen 15 000 Kiva-Roboter automatisch Pakete.

SCHNELLER

Shakey war zwar ein Pionier, aber er war langsam: Mitunter brauchte er zum Durchqueren eines Raums über eine Stunde. Neuere Mobilroboter wie der Bürobote Lynx und der polnische Sicherheits- und Bewachungsroboter Justus (rechts) bewegen sich viel schneller.

Roboter: Freunde und Feinde

»Roboter« tauchten erstmals 1920 im Theaterstück »RUR« (»Rossum's Universal Robots«) des Tschechen Karel Čapek auf. Das Thema des Stücks – der Aufstand menschenähnlicher Maschinen gegen ihre menschlichen Schöpfer – griffen seitdem viele Filme und Fernsehserien auf. Manche erdachten Roboter werden aber auch als Verbündete der Menschen gezeigt.

USR NS-5

Im Film »I, Robot« von 2004 können die NS-5 mit ihrer mächtigen Steuerung pro Sekunde sechs Trillionen Rechenoperationen ausführen. Als der Zentralcomputer V.I.K.I. die NS-5 mit einer neuen Software lädt, erheben sich die Roboter gegen ihre menschlichen Herren.

TERMINATOR T-800

Der erstmals 1984 von Arnold Schwarzenegger gespielte Cyberdyne Systems Modell 101 Serie 800 Terminator (bekannt als T-800) ist ein Killerroboter, der in die Vergangenheit geschickt wird, um die Mutter des Widerstandsführers John Connor zu töten.

Im Film halten die Batterien des tödlichen Terminators (rechts) 120 Jahre. Sein Kopf und sein Skelett sind aus Titan. Die stechenden roten Augen lassen sich zum Reparieren herausnehmen und ersetzen.

K9

Der vierte, von Tom Baker gespielte Doktor in der englischen Fernsehserie »Doctor Who« bekam 1977 einen treuen und manchmal heldenhaften Begleiter. Der anfangs FIDO genannte Roboterhund wurde als K9 bekannt. Vier Versionen spielten in den Abenteuern mit Doctor Who sowie in einer eigenen Fernsehshow mit.

Mit den drehbaren Ohrantennen ortete K9 Eindringlinge, seine Nase verbarg eine Laserwaffe. Für Filmaufnahmen hatte das Modell vier versteckte Räder und wurde mit einer Schnur durchs Studio gezogen!

DATA

In der Fernsehserie »Raumschiff Enterprise – Das nächste Jahrhundert« gehört der 2338 gebaute Androide Data zur Besatzung der Enterprise. Trotz seiner enormen Rechenleistung und künstlichen Intelligenz kann er Gefühle und Entscheidungen der Menschen nur schwer verstehen: Er bleibt eine Maschine.

ROBBY, DER ROBOTER

Der erstmals 1954 im Film »Alarm im Weltall« auftretende freundliche Roboter spielte in sieben Filmen und über einem Dutzend Fernsehserien mit. Mehr als 790 m Kabel waren für seine blinkenden Lichter, rotierenden Antennen und surrenden Innereien erforderlich. Ein Großteil befand sich in seinem durchsichtigen, kuppelförmigen Kopf.

R2-D2

Der mutige, freche und findige Mechaniker-Droide hat in den Filmen der »Star Wars«-Reihe vielen gedient, darunter Padmé Amidala, Anakin Skywalker und Luke Skywalker. Der 1,09 m große Droide ist eine Filmikone und eine bei den Fans besonders beliebte Figur.

VOLLER KOPF

Der drehbare, kuppelförmige Kopf enthält Kameras, ein Radarsystem, das sich bewegende Objekte erkennt, einen Scheinwerfer und ein ausfahrbares Periskop.

GELÄNDE-ROLLER

Durch Raumschiffe sowie über unwegsames Gelände rollt der Droide mit den Rollfüßen an den beiden Beinen. Ein drittes Bein kann er in den Rumpf einziehen.

In den ursprünglichen »Star Wars«-Filmen wurden zwei R2-D2-Modelle verwendet: eine ferngesteuerte Version und eine, die der nur 1,12 m große Schauspieler Kenny Baker (oben) von innen steuerte.

HOLOPROJEKTOR

Mit diesem Gerät kann R2-D2 realistische 3D-Filme von Menschen oder Gegebenheiten abspielen, z. B. zeigt er Obi-Wan Kenobi eine holografische Nachricht von Prinzessin Leia (rechts).

R2-D2 war meistens dort, wo etwas los war. In dieser Szene aus dem ersten »Star Wars«-Film von 1977 übergibt ihm Prinzessin Leia eine holografische Nachricht.

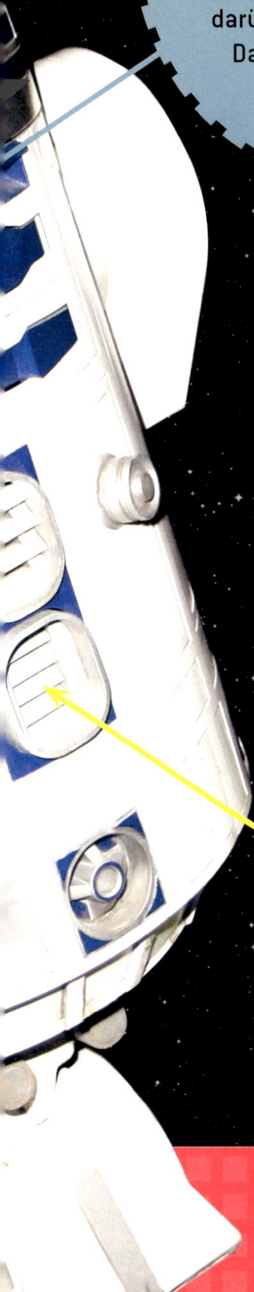

COMPUTER-ZUGRIFF

Der ausfahrbare Arm dient R2-D2 als Schnittstelle zur Verbindung mit Computersystemen. Er kann sie darüber steuern oder wichtige Daten aus ihren Speichern auslesen.

WERKZEUG

Der tonnenförmige Rumpf von R2-D2 enthält praktische Dinge wie einen Feuerlöscher, ausfahrbare Werkzeuge und Sonden sowie mehrere Raketendüsen, mit denen der Roboter Gefahrenzonen rasch verlassen kann.

ENERGIE UND KOMMUNIKATION

Im unteren Rumpf befindet sich eine Steckdose zum Laden sowie ein Lautsprechersystem, über das R2-D2 mit verschiedenen Summ- und Pieptönen kommunizieren kann.

In der Episode »Das Erwachen der Macht« tritt erstmals der Nachfolger von R2-D2 auf. BB-8 rollt auf seinem kugelförmigen Rumpf herum und hilft seinem Besitzer Poe Dameron, Pilot eines X-Flügel-Sternenjägers.

Tauchroboter

Da Arbeiten unter Wasser für Menschen schwierig sind, gibt es dafür verschiedene Roboter. Sie erkunden den Meeresboden, untersuchen Tiere und Pflanzen der Tiefsee aus der Nähe oder helfen beim Bergen von Schiffs- oder Flugzeugwracks.

UNTER DEM EIS

Manche Tauchroboter legen weite Strecken zurück, wenn sie den Meeresboden erkunden und das Wasser und die Meereslebewesen untersuchen. 2009 tauchte Autosub 3 (oben) in der Antarktis unter 500 m dickes Eis und legte dort 110 km zurück. Die Energie lieferten 5000 Taschenlampenbatterien.

RETTUNGSROBOTER

2005 befreite ein Scorpio-Roboter (hier beim Verladen ins Flugzeug) ein russisches AS-28-U-Boot, das sich mit sieben Mann an Bord auf dem Boden des Nordpazifiks verheddert hatte.

SCHATZSUCHER

Tauchroboter haben viele Schiffswracks gefunden und Schätze daraus geborgen. 2007 beispielsweise holten Odyssey-Roboter 600 000 Silbermünzen aus einem geheim gehaltenen Wrack im Atlantik. 1986 hatte Jason Junior das Wrack der 1912 gesunkenen RMS Titanic erkundet.

OceanOne (unten) der US-Universität Stanford ist ein zweiarmiger, tief tauchender Roboter, der von der Oberfläche aus gesteuert wird. 2016 erkundete er im Mittelmeer in 100 m Tiefe das Wrack eines 350 Jahre alten französischen Kriegsschiffs.

Acht kleine Strahlruder treiben den Roboter im Wasser an.

Die Greifkraft ist einstellbar, um empfindliche Objekte nicht zu beschädigen.

Zwei Kameras ermöglichen eine 3D-Sicht.

DIE NATUR ALS VORBILD

Die meisten Tauchroboter werden von Elektromotoren und Propellern angetrieben. Manche Roboter wie Robopike (unten rechts) und Robotuna schwimmen wie Fische, um mit geringerem Kraftaufwand voranzukommen. Andere Roboter wie Cyro sehen aus wie Quallen und bewegen sich auch so!

TIEFTAUCHER

Je tiefer man taucht, desto höher ist der Wasserdruck. Jenseits einer bestimmten Tiefe ist er so groß, dass ein U-Boot wie eine Dose zerquetscht wird. Robuste Roboter wie Nereus (oben links) und Kaiko haben die tiefsten Punkte der Erde etwa 11 000 m unter der Meeresoberfläche erreicht.

Kismet

Der 1997 am Massachusetts Institute of Technology (MIT) entwickelte Roboterkopf war bahnbrechend, da er mit Menschen interagieren konnte. Je nachdem, was er sah oder hörte, zeigte sein Gesicht eine von neun Reaktionen: Angst, Resignation, Müdigkeit, Zufriedenheit, Ernst, Abscheu, Wut, Überraschung oder Traurigkeit.

AUSDRUCKSVOLLE OHREN

Kismet kann die Ohren spitzen, um Aufmerksamkeit zu zeigen, oder sie wütend nach hinten legen. Bemerkt er eine Person in der Nähe, kann er sich durch Ohrenwackeln bemerkbar machen.

SCHÖPFERIN

Cynthia Breazeal begeistert sich für Roboter, besonders R2-D2, seit sie mit acht Jahren das erste Mal »Star Wars« gesehen hat. Seitdem hat sie kontaktfähige Roboter wie Kismet, Nexi und Jibo gebaut. Heute leitet sie die Personal Robots Group am MIT in den USA.

MUNDWERK

Kismet kann seinen Mund öffnen und schließen. Vier kleine elektrische Aktuatoren bewegen die Lippen: aufwärts zum Lächeln, abwärts zu einer Grimasse oder einem Schmollmund.

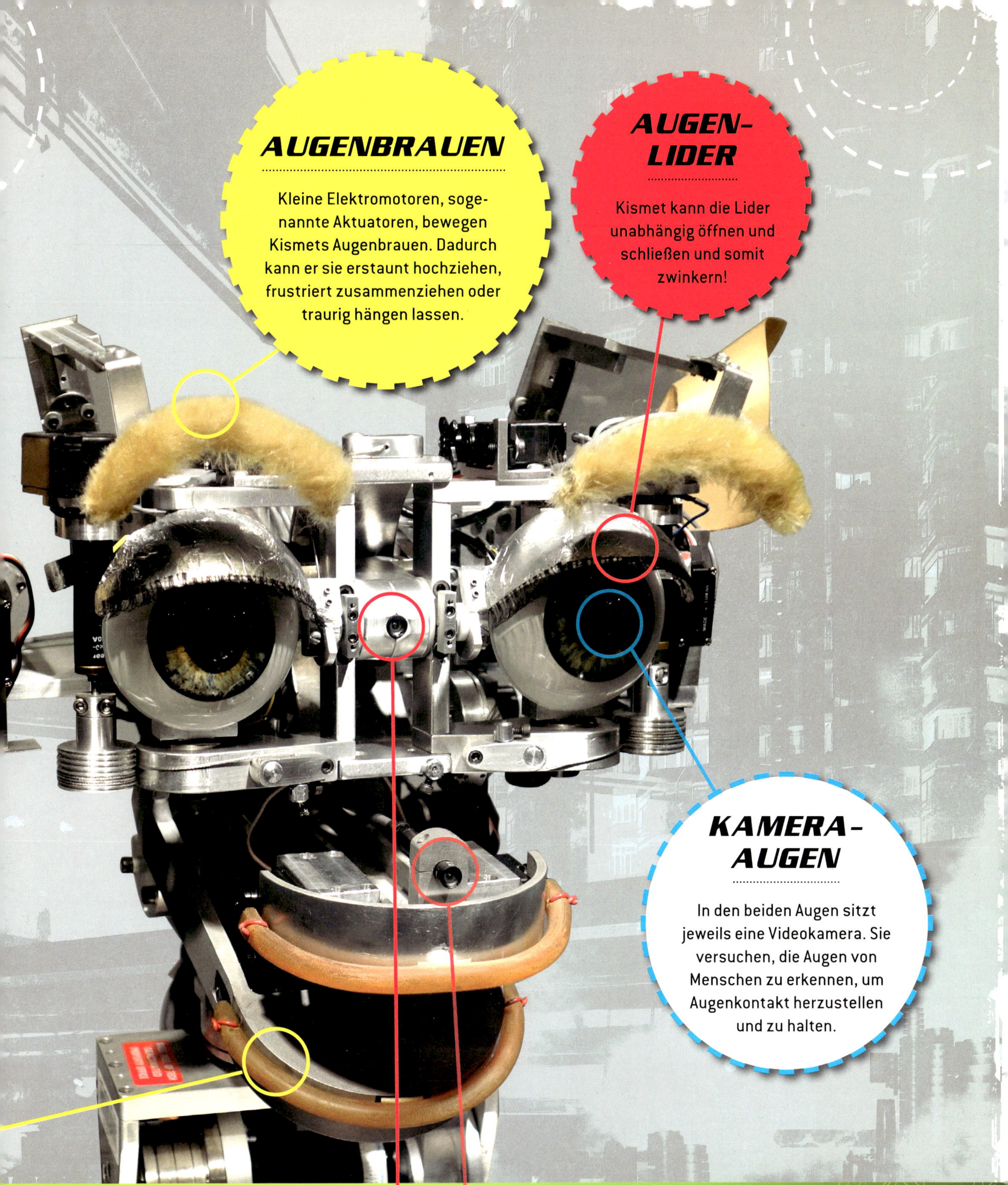

AUGENBRAUEN

Kleine Elektromotoren, sogenannte Aktuatoren, bewegen Kismets Augenbrauen. Dadurch kann er sie erstaunt hochziehen, frustriert zusammenziehen oder traurig hängen lassen.

AUGENLIDER

Kismet kann die Lider unabhängig öffnen und schließen und somit zwinkern!

KAMERA-AUGEN

In den beiden Augen sitzt jeweils eine Videokamera. Sie versuchen, die Augen von Menschen zu erkennen, um Augenkontakt herzustellen und zu halten.

SEHVERMÖGEN

Die beiden zentralen Kameras machen Gesichter und Objekte vor dem Roboter ausfindig. Zusammen mit den Kameras in den Augen sendet Kismet so eine Menge Bildinformationen zur Analyse – so viele, dass er ein Netzwerk aus neun PCs damit beschäftigt.

Canadarm2

Dieser riesige Roboterarm verließ die Erde 2001 an Bord des Space-Shuttles Endeavour in Richtung der im Aufbau befindlichen Internationalen Raumstation ISS. Seitdem hat er beim Weiterbau der Station geholfen, Module und Teile bewegt sowie unbemannte Raumschiffe eingefangen, die von der Erde Nachschub und Ersatzteile lieferten.

MOBILE BASIS

Der Arm kann sich selbst an verschiedenen Befestigungspunkten an der Station andocken, ebenso an einem mobilen System. Auf Schienen lässt sich Canadarm2 fast am gesamten Hauptausleger der ISS entlang bewegen.

AUSLEGER

Die beiden Ausleger des Arms bestehen aus leichtem, mit Kohlenstofffasern verstärktem Kunststoff. Canadarm2 wiegt knapp 2 t und kann bis zu 116 t schwere Objekte bewegen. Mit 17,6 m ist der Arm vier Meter länger als ein Badmintonplatz.

LATCHING END EFFECTOR (LEE)

An jedem Ende des Arms sitzt ein Endeffektor. Mit dieser Greifmechanik kann der Arm an verschiedenen Haltepunkten an der ISS andocken oder mit einem Spezialwerkzeug auch ankommende Versorgungsraumschiffe einfangen. Astronauten können mit einer Fußhalterung am LEE sogar auf dem Arm reiten.

HANDGELENK

Es ist wie bei Menschen in drei verschiedene Richtungen beweglich.

ELLBOGENGELENK

Der Roboterarm hat sieben Gelenke, am Ellbogen lassen sich die beiden Ausleger beugen. Je zwei Farbvideokameras auf beiden Seiten des Gelenks senden den Astronauten in der ISS Bilder.

DEXTRE

Der zweiarmige Roboter erreichte die ISS 2008. Er ist an der Hüfte drehbar und lässt sich für komplexe Aufgaben an Canadarm2 anbringen, um z. B. Energiemodule zu tauschen, Antennen anzubauen oder Lagerbehälter außen an der Raumstation zu bewegen.

SELBSTREPARATUR

2014 war Canadarm2 der erste Roboter, der sich im Weltraum selbst reparierte. Mit Dextre entfernte der Roboterarm eine defekte Videokamera an seinem Ellbogengelenk und ersetzte sie durch eine neue.

Optimus Prime

Die Transformer-Figuren kamen 1984 in Japan auf den Markt. Aus den ersten Verkaufserfolgen gingen Trickfilmserien, Computerspiele, Bücher, Filme sowie zahlreiche Generationen von Spielzeugen und Modellen hervor.

HUMANOIDE HELDEN

Heimat der Transformer ist der erdachte Planet Cybertron. Dort führt Optimus Prime die Autobots an: humanoide Roboter, die sich in Fahrzeuge verwandeln können. Sie kämpfen gegen die Decepticons mit ihrem mächtigen und listigen Anführer Megatron (rechts).

FORMWECHSLER

Wie alle Transformer kann sich Optimus Prime von einem Roboter in etwas anderes verwandeln, hier in einen Lastwagen. Die Spielfiguren sind genial konstruiert: Viele Gelenke und bewegliche Teile erlauben die Verwandlung zwischen Roboter und Fahrzeug.

BEINE

Auf den Rädern an den Beinen fährt der Lastwagen, wenn die Beine bei der Verwandlung nach hinten geklappt werden.

SCHULTERN

Die Rohre an den starken Schultern werden zu den Auspuffrohren des Lastwagens, wenn sich Optimus Prime verwandelt.

SCHWERES GESCHÜTZ

In manchen Versionen verfügt Optimus Prime über große Kanonen, die tödliche Granaten weit schießen können. Beim Lastwagen wirken sie als Raketenantriebe, die die Beschleunigung weiter erhöhen.

WAFFEN IM ARM

In beiden Armen des Roboters sind Schwerter verborgen. Vor dem Einsatz werden sie geladen, sodass sie bei über 1000 °C Hitze rot glühen. An den Handgelenken kann der Roboter zwei Haken aus dem erfundenen Material Energon ausfahren.

WANDELBARER LASTWAGEN

Im »Transformers«-Kinofilm von 2007 verwandelt sich Optimus Prime in diese Sattelzugmaschine Peterbilt 379, Baujahr 1994 (rechts).

Forschungsroboter

Roboter schickt man an Orte, die für Menschen schwer zugänglich oder zu gefährlich sind. So kann man an Land, unter Wasser und im Weltraum forschen, ohne Menschenleben zu gefährden.

WELTRAUM-ROVER

Ab November 1970 fuhr Lunochod I, der erste Weltraum-Rover, 322 Tage lang ferngesteuert auf dem Mond. Er hatte acht Räder und sendete über 20 000 Fotos zur Erde.

ROBOTER-ARCHÄOLOGIE

Kleine Roboter können in Bauwerken aus dem Altertum durch enge Öffnungen fahren und antike Wunder entdecken. 2005 schickte man einen Roboter durch einen schmalen Schacht in der Cheops-Pyramide in Ägypten (rechts). Mit solchen Fahrzeugen kann man das Innere derartiger Bauwerke erkunden.

BEI GEFAHR: DROHNEN

Ferngesteuerte Drohnen können abgelegene oder gefährliche Orte erkunden. Die von zwei Propellern angetriebene Gimball (unten) von Flyability aus der Schweiz hat einen speziellen Käfig, der die Drohne bei einem Aufprall schützt. Sie hat damit bereits Eishöhlen in Gletschern erkundet.

SCHLANGEN-ROBOTER

Roboter aus vielen kleinen, gelenkig verbundenen Teilen (oben) können sich durch enge Öffnungen und Kanäle winden. Mit winzigen Kameras ausgerüstet, können diese »Snakebots« Bilder von ihren Entdeckungen senden.

ROBOTER IM VULKAN

Kaum ein Ort ist gefährlicher als der Krater eines aktiven Vulkans. 1994 kraxelte jedoch der achtbeinige Roboter Dante II (links) in die Öffnung des Mount Spurr in Alaska, um Gasproben zu sammeln. 20 Jahre später erforschten von der NASA entwickelte einachsige VolcanoBots (unten) Vulkane auf den Hawaii-Inseln.

Der erstaunliche ASIMO

Humanoide Roboter bewegten sich langsam und zögernd, bis im Jahr 2000 ASIMO auftauchte. Der 1,3 m große Roboter wurde seitdem ständig verbessert und ist einer der mobilsten und vielseitigsten menschenähnlichen Roboter.

GELENKE

Mit Hüft-, Knie- und Fußgelenken hat ASIMO viel Bewegungsfreiheit.

FÜSSE

Sie sind breit, damit der Roboter auf einem Bein sicher stehen kann. Jeder Fuß enthält Sensoren, um die Aufstandskraft auf den Boden zu messen. Dadurch kann der Roboter beim Gehen seine Fuß- und Beinbewegungen an unebenen Untergrund anpassen.

2 Rückseite

KOPF

Er enthält zwei mit der Steuerung des Roboters verbundene Kameras. Damit erkennt er bis zu zehn menschliche Gesichter und verfolgt die Bewegung von Menschen und Objekten vor sich.

RUCKSACK

Er enthält die Computer zur Steuerung der Bewegungen des Roboters. Anders als viele Humanoide kann ASIMO seine Richtung ändern, ohne dazu anhalten und überlegen zu müssen. Entsprechend den nächsten Bewegungen seiner Beine verschiebt ASIMO seinen Körperschwerpunkt, um das Gleichgewicht zu halten.

KÖRPER

Damit ASIMO nicht mehr als 50 kg wiegt, besteht sein Körper aus einem leichten, mit Kunststoff verkleideten Magnesiumgerüst.

HÄNDE

Die Fingergelenke und die starken Handgelenke werden elektrisch angetrieben. Damit kann der Roboter Objekte greifen, Flaschen öffnen und sogar dafür programmiert werden, Zeichensprache zu sprechen oder ein Orchester zu dirigieren.

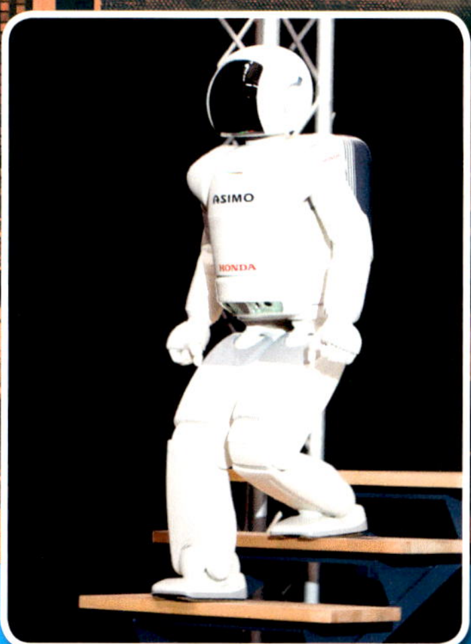

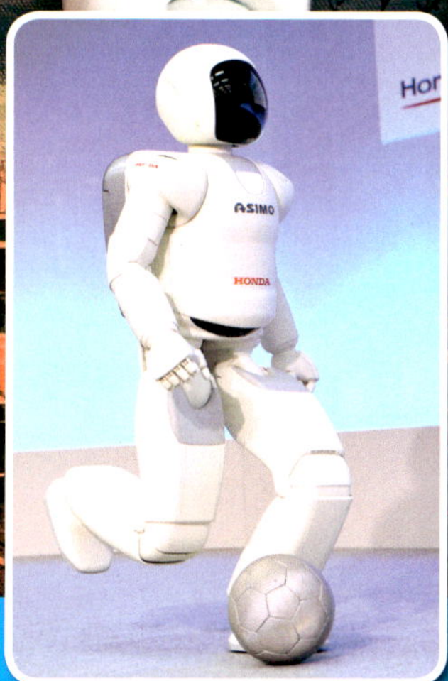

Zweibeinige Roboter haben oft Probleme, beim Gehen das Gleichgewicht zu halten. ASIMO kann mühelos bis zu 9 km/h schnell laufen, Treppen steigen, rückwärts laufen, springen und auf einem Bein hüpfen.

Global Hawk

Unbemannte Luftfahrzeuge sind fliegende Roboter. Dazu gehören Drohnen, die ständig von einem Menschen ferngesteuert werden. Die Global Hawk kann dagegen lange Zeit ohne menschliches Zutun fliegen. Sie benötigt nur einen in ihren Flugführungscomputer geladenen Missionsplan.

SATELLITEN-VERBINDUNG

In der großen Nase verbirgt sich eine 1,2 m große tellerförmige Antenne. Damit kann die Global Hawk Bilder und andere gesammelte Daten über Funk an ihre Basis senden.

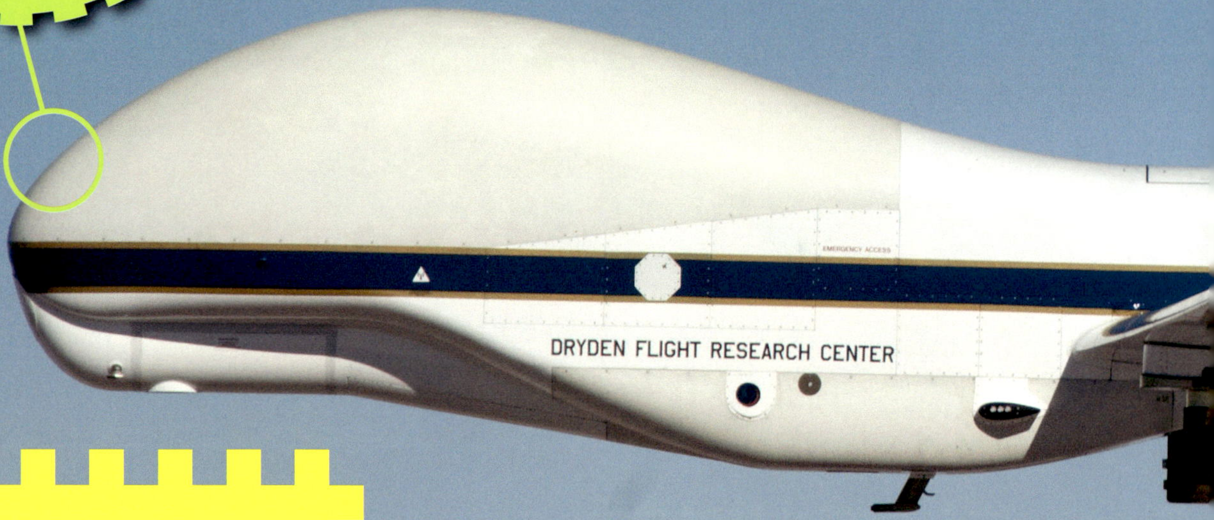

AM BODEN

In der Bodenstation überwachen Techniker den Flug der Global Hawk an Computermonitoren. Die Monitore zeigen die Flugdaten des Roboters, seine Position sowie die Informationen, die er sendet. Über eine Tastatur und Maus kann die Mannschaft den Flugweg des Roboters verändern.

TRIEBWERK

Im Mantelstromtriebwerk der Global Hawk verbrennt eine Mischung aus Treibstoff und Luft zu sich rasch ausdehnenden Gasen. Die hinten aus dem Düsentriebwerk austretenden Gase beschleunigen den fliegenden Roboter auf bis zu 629 km/h.

V-FÖRMIGES LEITWERK

An den Hinterkanten der beiden Schwanzflossen sitzen bewegliche Flächen, mit denen die Bordcomputer die Global Hawk steuern.

COMPUTER-STEUERUNG

Im 14,5 m langen Rumpf sitzen die Elektronik und die beiden Flugführungscomputer, die die Bewegungen der Global Hawk steuern und ständig ihre Position überprüfen.

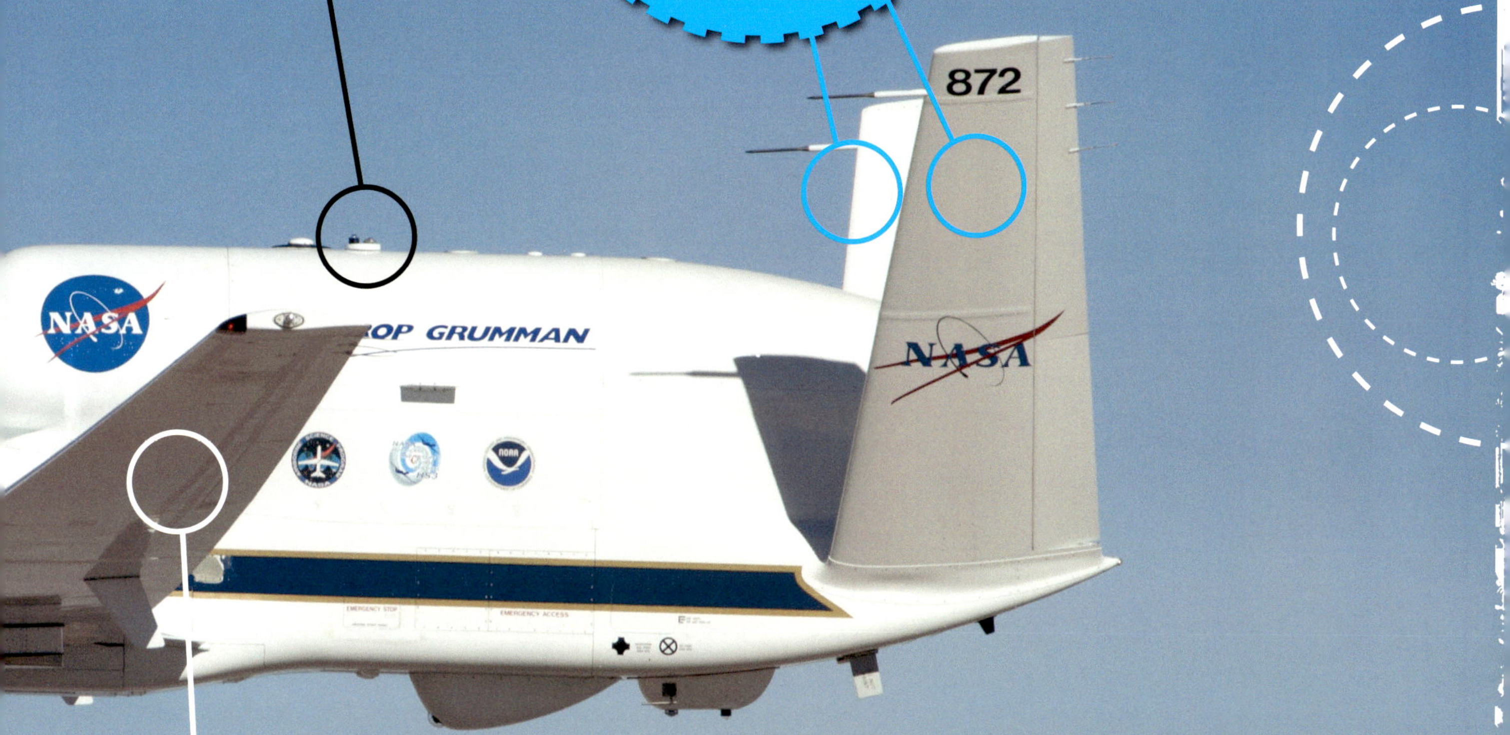

TANKS

Die Flügel und der Rumpf fassen bis zu 7847 kg Treibstoff. Damit kann der Roboter über 30 Stunden lang fliegen.

STURMJÄGER

Die Global Hawk kann über 18 000 m hoch fliegen, fast doppelt so hoch wie Düsenverkehrsflugzeuge. Mit zwei Global Hawk misst die NASA Wirbelstürme von oben und verfolgt ihren Weg.

Da Vinci

In Krankenhäusern gibt es Roboter, die Bettzeug, Medikamente und andere Dinge befördern. Andere Roboter, wie das Da-Vinci-System, unterstützen Ärzte bei Operationen. Solche Roboter ermöglichen die minimalinvasive Chirurgie, bei der Eingriffe nur kleine Schnitte in der Haut des Patienten erfordern.

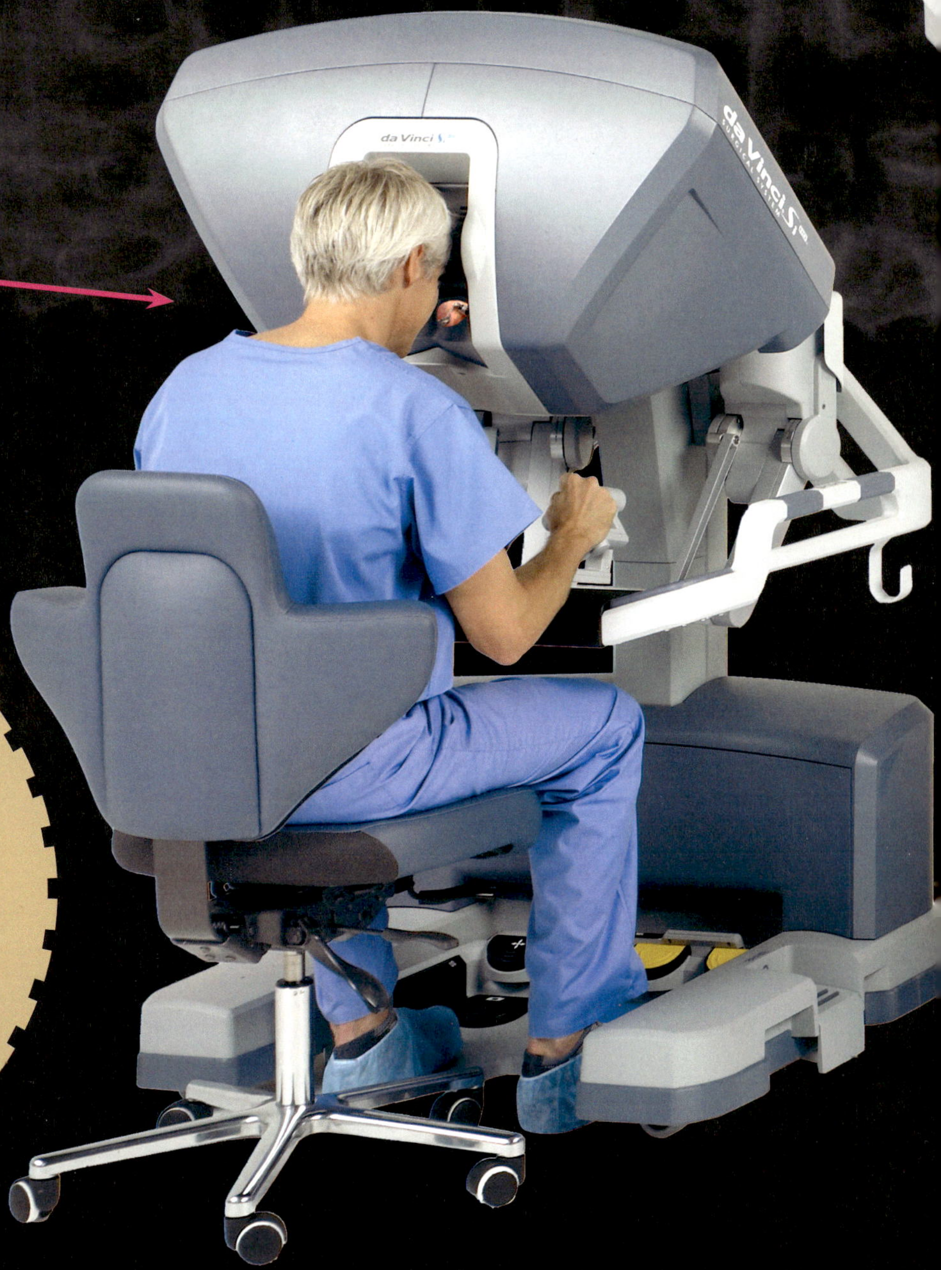

ARZT-KONSOLE

An dieser Einheit kann der Arzt hochaufgelöste dreidimensionale Bilder der Operation sehen.

SCHLÜSSEL-LOCH-OP

Der Arzt bedient die Steuerelemente. Seinen Bewegungen entsprechend weisen Signale die Roboterarme an, wie sie sich bewegen und arbeiten sollen. Die Roboterarme können unglaublich präzise Bewegungen ausführen, viel genauer, als ein Mensch seine Hände bewegen kann, und ohne dass die Hände zittern.

ROBOTER-GESTELL

Neben dem Operationstisch mit dem Patienten steht dieses Gestell mit vier Roboterarmen. Drei von ihnen haben besonders gelenkige Werkzeughalter mit sieben Freiheitsgraden und können die verschiedenen chirurgischen Instrumente aufnehmen.

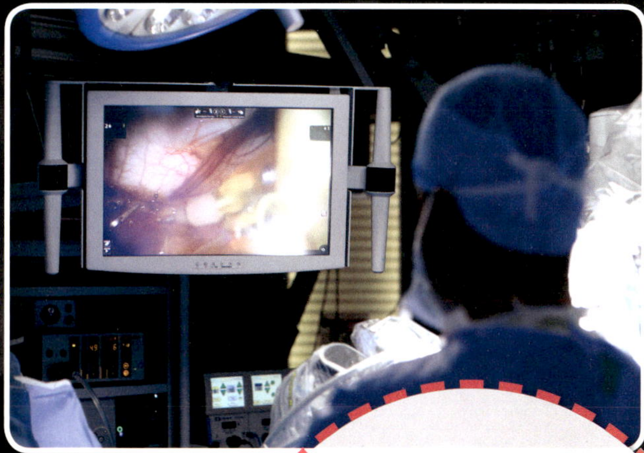

ENDOSKOPIE-GERÜST

Auf einem großen Monitor können Mitarbeiter im Operationssaal die Operation verfolgen. Die Bilder stammen von einer winzigen Kamera im Körper des Patienten, die am vierten Roboterarm von Da Vinci angebracht ist.

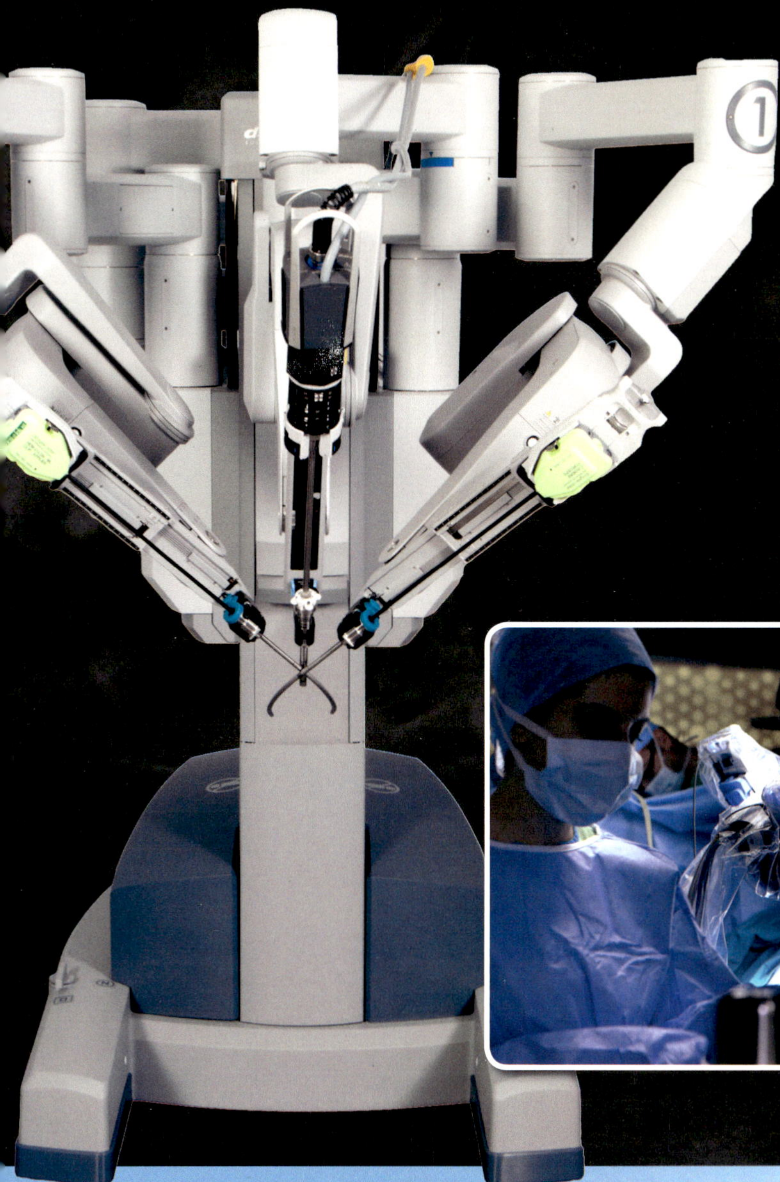

OP-ERFOLGE

Während der Operation ist der gesamte Roboter eingehüllt, um den OP-Bereich von Keimen frei zu halten. Über drei Millionen Operationen wurden mit den Robotern von Intuitive Surgical bereits durchgeführt.

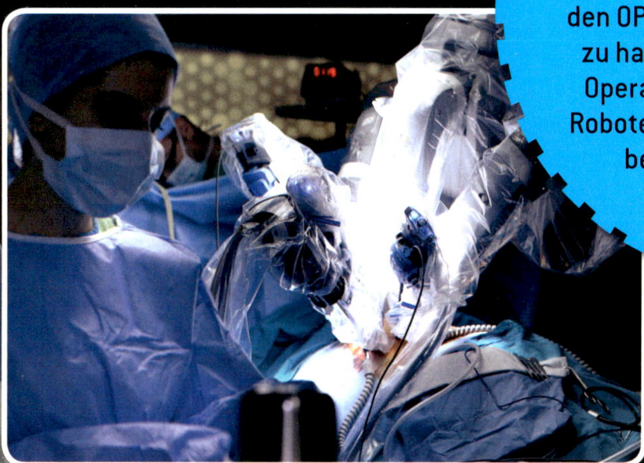

ROBOTERWERKZEUGE

u den eingesetzten Werkzeugen gehören angen, scharfe Skalpelle, feine Greifer zum notenbinden sowie Laser zum Ausbrennen leiner Bereiche wie z. B. Blutgefäße, um sie zu ntfernen oder zu versiegeln.

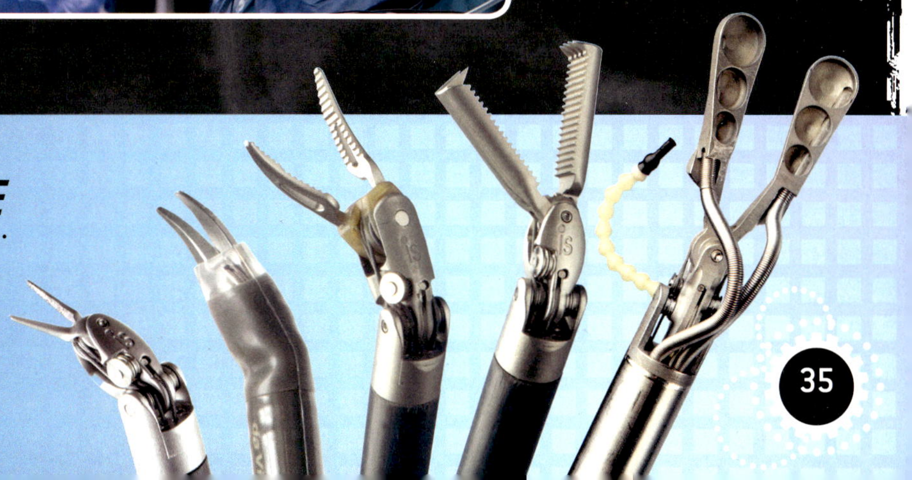

Serviceroboter

Immer mehr Roboter werden in der Öffentlichkeit eingesetzt, in Hotels, Geschäften oder Parks. Dort mähen sie z. B. den Rasen und weichen dabei Hindernissen aus. Welche Roboter bedienen uns noch?

BEGRÜSSER UND FÜHRER

Öffentlich eingesetzte Roboter begrüßen Besucher, führen sie herum und beantworten ihre Fragen, so z. B. Pepper (links) in Carrefour-Märkten in Frankreich und Ati in einem Museum in Südkorea. Die Beam-Pro-Roboter im Young Museum in San Francisco lassen sich über das Internet steuern. Ihre Videokameras ermöglichen es Besuchern, von zu Hause aus einen ferngesteuerten Rundgang zu unternehmen.

SAUBERMACHER

Fensterputzroboter können die Glaswände von Hochhäusern reinigen oder sich an schrägen Flächen festsaugen, um große Sonnenkollektoren zu säubern. Der Serbot Gekko (oben rechts) kann bis zu 400 Quadratmeter in einer Stunde säubern – das ist 10- bis 15-mal so viel wie ein menschlicher Fensterputzer.

ROBOTER-RESTAURANTS

Roboter als Barkeeper, Köche und Kellner findet man vor allem in China. In einem dieser Restaurants in der Stadt Harbin arbeiten über 20 Roboter. Manche kochen in der Küche Nudeln oder frittieren Speisen, andere bringen die fertigen Gerichte auf Tabletts zu den Gästen an den Tisch (oben).

PARKROBOTER

Am Flughafen Düsseldorf parkt Ray, ein großer Gabelstapler-Roboter, Autos in enge Parklücken ein. Er scannt dazu das Fahrzeug mit einem Laser, um die genaue Größe zu ermitteln. Ray kann anderthalbmal so viele Autos im Parkhaus unterbringen wie menschliche Fahrer. Außerdem kann er sich mit dem Flughafencomputer verbinden, um die Autos rechtzeitig zur Ankunft der Besitzer bereitzustellen.

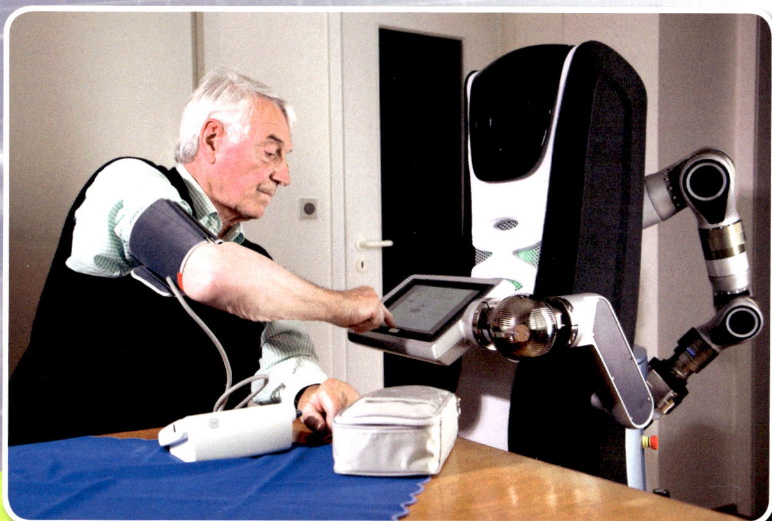

PFLEGEROBOTER

Man entwickelt auch Roboter, die ältere Menschen unterstützen und pflegen sollen. Die Care-O-bots 3 und 4 können Gegenstände holen und tragen, Türen öffnen und über einen Bildschirm mit Menschen kommunizieren. Sie können auch Messwerte wie hier von einer Blutdruckmessung (oben rechts) an den Arzt oder das Krankenhaus übertragen.

WALL-E

Wer hätte sich einen erfundenen 700 Jahre alten Müllroboter als Filmstar vorstellen können? Aber der neugierige Waste Allocation Load Lifter – Earth Class (WALL-E) (»Müllsortierer und Lastenheber – Erdklasse«) erwies sich 2008 als beliebte Titelfigur eines Trickfilms von Pixar.

FREUNDE IM MÜLL

Im Film ist WALL-E der letzte funktionierende Roboter auf der Erde, er sortiert und stapelt dort Müll. Alle Menschen haben den Planeten schon verlassen. WALL-E verliebt sich in die Raumsonde EVE (unten rechts), als sie die Erde besucht. Im Weltraum muss er dann EVE und sich selbst retten.

Für Auftritte bei Filmpremieren und anderen Werbeaktionen baute man eine ferngesteuerte Version von WALL-E.

LASER-SCHNEIDER

Mit einem starken Laser schneidet WALL-E große Schrottteile. Solche auf einen Punkt konzentrierte Lichtstrahlen nutzt man tatsächlich zum Schneiden, Beschriften, Operieren und zum genauen Messen großer Entfernungen.

SCHAUFEL-HÄNDE

Mit seinen Händen mit je drei Fingern gräbt der Roboter Löcher und greift Objekte aller Art: empfindliche Pflanzenkeimlinge ebenso wie Feuerlöscher. Wenn er schläft oder sich versteckt, zieht WALL-E Arme, Raupenketten und Kopf in seinen Körper ein.

ROBOTER-AUGEN

Die beiden großen Kameras erlauben es WALL-E, entfernte Objekte heranzuzoomen. Ein Sensor erkennt auch weit entfernte Sandstürme, damit der Roboter Schutz suchen kann.

UNTERWEGS

Auf kurzen Raupenketten kann WALL-E auch über Müllhaufen und unwegsames Gelände rollen. Seine Batterien lädt der Roboter über Solarzellen auf, die er aus seinem Bauch ausklappt.

MÜLLPRESSE IM BAUCH

Die Vorderseite des Roboters enthält eine starke Müllpresse. Sie verdichtet den Müll zu Würfeln, die WALL-E dann zu großen Haufen aufstapelt.

Tmsuk Enryu

2004 baute die Firma Tmsuk den T-52 Enryu (japanisch: »Rettungsdrachen«). Der 3,45 m hohe Roboter sieht furchteinflößend aus, wurde aber als Lebensretter entwickelt: Nach Unglücken soll er Trümmer beseitigen und eingeschlossene Menschen retten.

RIESENARME

Jeder der beiden hydraulisch angetriebenen Arme ist 6 m lang. Im Hydrauliksystem bewegt unter hohem Druck stehendes Öl Kolben in Zylindern. Dadurch ist der Roboter enorm stark: Jeder Arm kann bis zu 500 kg heben.

RÄUMSCHILD

Mit dem Schild an der Vorderseite kann der Roboter Schnee oder Schlamm wegschieben. Bis zu 3 km/h erreicht er mit seinem Dieselmotor.

GELÄNDEGÄNGIG

Der 5 t schwere Roboter rollt auf Raupenketten. Damit kann er auch über Geröll und auf weichem Untergrund fahren.

DIGITAL-KAMERAS

Am Kopf, Rumpf und an den Armen verfügt der Roboter über neun Digitalkameras. Sie senden über Funk Bilder an die menschlichen Retter, die sich bei Gefahr in einiger Entfernung aufhalten.

COCKPIT

Im Steuerstand kann ein Mensch stehen und den Roboter über die Handsteuerung direkt bedienen. Er lässt sich jedoch auch über Joysticks fernsteuern.

STARKE GREIFER

Große stählerne Greifer an den Armen von Enryu können ein Auto auf die Seite kippen oder eine Autotür abreißen, damit Retter die verletzten Insassen bergen können.

KLEINER BRUDER

Tmsuk entwickelte einen Nachfolger für den T-52: Der T-53 wiegt immer noch 3 t, ist aber kleiner und kann sich besser in engen Bereichen bewegen. 2007 beseitigte man mit dem T-53 Geröll und Schutt nach dem Erdbeben in der japanischen Stadt Kashiwazaki.

Robotertiere

Die ersten Robotertiere waren Kinderspielzeuge. Mit immer mehr Sensoren und Rechenleistung fanden auch Erwachsene Gefallen daran. Heute dienen Robotertiere als Begleiter für alte oder kranke Menschen, als Lern- oder Pflegehilfe oder sogar zur Sicherung von Häusern, wenn die Bewohner verreist sind.

Tekno Kitty ist ein Spielzeugkätzchen, das auf Sprachbefehle hin sitzt, bettelt und sogar in die Hand springt.

GEFÄHRTEN

Dream Cat Venus von Sega, Tama von Omron und die japanische Robbe Paro sollen älteren Menschen Gesellschaft leisten. Durch berührungsempfindliche Sensoren reagieren die Roboter mit Geräuschen und Bewegungen, wenn sie gestreichelt werden. Ihre Besitzer fühlen sich dadurch weniger alleine, haben aber nicht die Sorgen wie mit echten Haustieren. Sie müssen nur gelegentlich die Batterien der »Tiere« laden.

GUTER HUND!

Der Roboterhund AIBO ERS-7 von Sony kann bekannte Gesichter und Stimmen erkennen, mit einem Ball spielen und Gegenstände holen. Wenn seine Batterieladung zur Neige geht, findet er automatisch seine Ladestation. Einige AIBOs wurden dafür programmiert, bei den RoboCup-Wettbewerben (siehe Seite 49) Fußball zu spielen.

Das Gesicht von AIBO leuchtet beim Erkennen bekannter Personen auf. Der Schwanz kann wedeln. Durch Berührungssensoren am Rücken und Kopf »freut« sich AIBO, wenn er gestreichelt wird.

Eine Videokamera in der Schnauze sendet Bilder drahtlos auf den Computer des Besitzers.

Über einen Speicher-Stick im Körper lassen sich neue Programme und Verhaltensweisen laden. So kann AIBO spielen oder als Wachhund arbeiten: Er erfasst unerwartete Bewegungen und Geräusche, macht Fotos und schickt sie per E-Mail an seinen Besitzer.

Drucksensoren in den Pfoten erkennen, ob der Boden weich oder hart ist, und passen das Haftvermögen an.

DINOSAURIER

Es gibt nicht nur Hunde und Katzen als Roboter. Pleo (links) und sein Nachfolger Pleo rb sind Dinosaurier-Haustiere und durchlaufen vier Lebensabschnitte vom Baby bis zum Erwachsenen. Dabei entwickeln sie neue Fähigkeiten und Persönlichkeitsausprägungen.

Ein Wärmesensor lässt Pleo zittern und niesen, wenn seine Umgebung zu kalt ist, oder hecheln und schwindelig wirken, wenn es zu heiß ist.

PackBot

Mit über 4500 Exemplaren ist der PackBot 510 der am häufigsten gebaute Militärroboter der Welt. In weniger als zwei Minuten ist er einsatzbereit, um Bomben und Sprengfallen zu untersuchen, gefährliche Stoffe zu handhaben oder Gebäude oder Kampfgebiete zu erkunden.

MANIPULATORARM

Der 187 cm lange Manipulatorarm hat acht Freiheitsgrade und kann auch um Ecken herum arbeiten.

FLIPPER

Diese »Vorketten« sind nach oben und unten schwenkbar und können den Roboter über Hindernisse heben oder ihn aufrichten, falls er umgekippt sein sollte. Sie unterstützen den Roboter auch beim Treppensteigen.

GUMMIKETTEN

Der mit eingeklappten Flippern 68,6 cm lange Roboter passt in den Kofferraum eines Autos, in einen Jeep oder sogar in einen Rucksack. Mit den elektrisch angetriebenen, gerippten Raupenketten kann er sich auf weichem Untergrund bewegen und Steigungen bis zu 60 Grad bewältigen.

FAHRKAMERA

Der Roboter verfügt über bis zu vier Kameras. Die Fahrkamera lässt sich für Nahaufnahmen des Greifers nach oben kippen oder zum Fahren nach vorn richten und zu den Seiten schwenken.

Der Arm des PackBot nimmt verschiedene Werkzeuge wie Kabelschneider und Hämmer für Fensterscheiben auf. Eine Wasserkanone kann einen Wasserstrahl mit hohem Druck in mutmaßliche Bomben schießen, um ihre Schaltkreise zu zerstören, bevor die Bombe zündet.

ÜBERWACHUNGSKAMERA

Diese hochauflösende Kamera zeigt Bedienern bis zu 300-fach vergrößert, was sich hinter einer Ecke oder in einem verdächtigen Fahrzeug befindet.

FUNKANTENNEN

Sie übertragen Bilder der Roboterkameras sowie Daten der anderen Sensoren zu den Bedienern, die sich bis zu 1000 m entfernt in Sicherheit aufhalten.

FAHRZEUGWANNE

Im Raum zwischen den Ketten lassen sich verschiedene Instrumente unterbringen, z. B. Messgeräte für schädliche Strahlung. 2011 drangen PackBots als erste Roboter in das japanische Atomkraftwerk Fukushima ein, nachdem es von einem Erdbeben und einer Flutwelle zerstört worden war.

Compressorhead

Die Heavy-Metal-Band schlechthin: Die Mitglieder von Compressorhead bestehen aus dem Schrott von Autos und Maschinen. Das nur aus Robotern bestehende Trio hatte 2013 seinen ersten Auftritt und begeistert seitdem seine Zuhörer. Bei YouTube wurde ein Video der Band über 7,1 Millionen Mal angeschaut.

LUFTGITARREN

Die beweglichen Teile der Roboter werden pneumatisch angetrieben. Verdichtete Luft bewegt dabei in einem Zylinder einen Kolben hin und her. Große Pneumatikzylinder ermöglichen es z. B. Fingers (unten links), sich im Takt der Musik zu bewegen.

FINGERS

Der Gitarrist der Band trägt seinen Namen zu Recht. Er hat insgesamt 78 »Finger«, mit denen er die Saiten seiner E-Gitarre Gibson Flying V schlägt oder zupft. Jeder der Roboter erhält von einem eigenen Laptop-Computer über ein Musical Instrument Digital Interface (MIDI) Steuersignale, die ihn anweisen, was er spielen soll.

BONES

Der 2012 gebaute Bassist »Knochen« hat an seinen beiden Händen je vier dicke Finger. Am Hals des E-Bass Fender Precision drücken die Finger der linken Greifhand auf die Saiten, um die Tonhöhe zu beeinflussen, die rechte Spielhand zupft die Saiten.

STICKBOY

Der begabte Schlagzeuger »Stockjunge« hat vier Arme mit je einem Trommelstock. Sein Fuß spielt die Große Trommel. Wenn Stickboy sein 14-teiliges Schlagzeug spielt, nickt sein Kopf im Takt der Musik.

RIVALEN

Compressorhead ist wohl die am härtesten rockende Roboterband, aber auch andere Roboter machen Musik. Einer der 2005 von Toyota vorgestellten Partner Robots (rechts) konnte einfache Melodien auf der Geige spielen.

NAO

Der kleine, aber schlaue humanoide Roboter NAO ist nur 58 cm groß und 5,4 kg schwer, hat aber eine Menge zu bieten. Die seit 2004 entwickelten Roboter sind vielseitig und über verschiedene Computersprachen und Werkzeuge programmierbar. Über 9000 Stück sind weltweit im Einsatz.

GREIFHÄNDE

Zwei Finger jeder Hand haben kleine Berührungssensoren und lassen sich dazu programmieren, Objekte in erreichbarer Nähe zu greifen.

GELENKE

14 Elektromotoren treiben die Gelenke in den Armen, Beinen und am Kopf an. Damit kann sich NAO mit 25 Freiheitsgraden fast unbeschränkt bewegen. Durch eine elektronische Steuerung in seinem Körper hält er beim Bewegen sein Gleichgewicht.

DRUCKSENSOREN

Vorne an den Füßen befinden sich einfache Berührungssensoren, die sich einschalten, wenn die Füße an etwas stoßen.

MIKROFONE

Über Mikrofone nimmt NAO Geräusche und Sprache wahr. Er kann Gesprochenes verstehen und geschriebene Texte in 19 Sprachen sprechen, darunter Arabisch, Chinesisch und Spanisch.

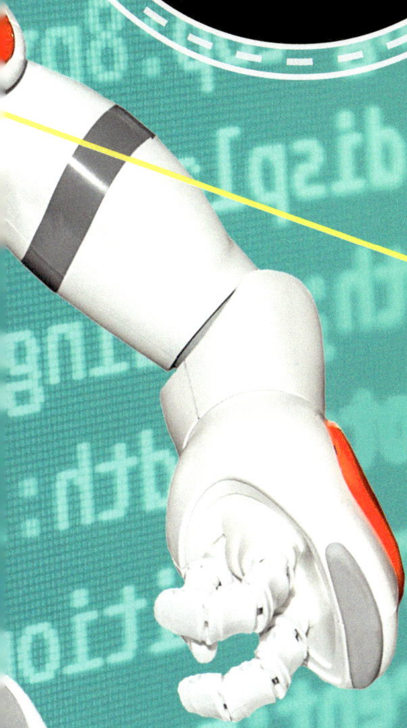

ZWEI KAMERAS

Kameras in der Mitte von NAOs Gesicht senden an seine Steuerung Bilder, die ihn Formen, Objekte und Gesten erkennen lassen. Er kann das Gesicht seines Besitzers erkennen und ihn mit Namen begrüßen.

IN DER SCHULE

Im Rahmen des europäischen »Avatar Kids«-Projekts können länger erkrankte Kinder über NAO-Roboter am Schulunterricht teilnehmen. NAO vertritt das Kind in der Klasse und überträgt Videos und Geräusche an das Kind, das den Roboter vom Krankenhaus aus über einen Tablet-Computer steuern kann.

SPIEL UND SPASS

Gruppen von NAO-Robotern wurde beigebracht, Tanzfiguren oder mit ihren Lautsprechern Beatboxing vorzuführen oder als Team Fußball zu spielen. Die »Mannschaft« B-Human aus NAO-Fußballern gewann 2016 in Leipzig den RoboCup.

Mars-Rover Curiosity

Dieser Roboter auf dem Mars hat die Größe eines Kleinwagens und wiegt 899 kg (Sojourner, der erste Mars-Rover, wog nur 11 kg). Mit den wissenschaftlichen Instrumenten von Curiosity (»Neugier«) will die NASA Klima und Geologie des Planeten erforschen.

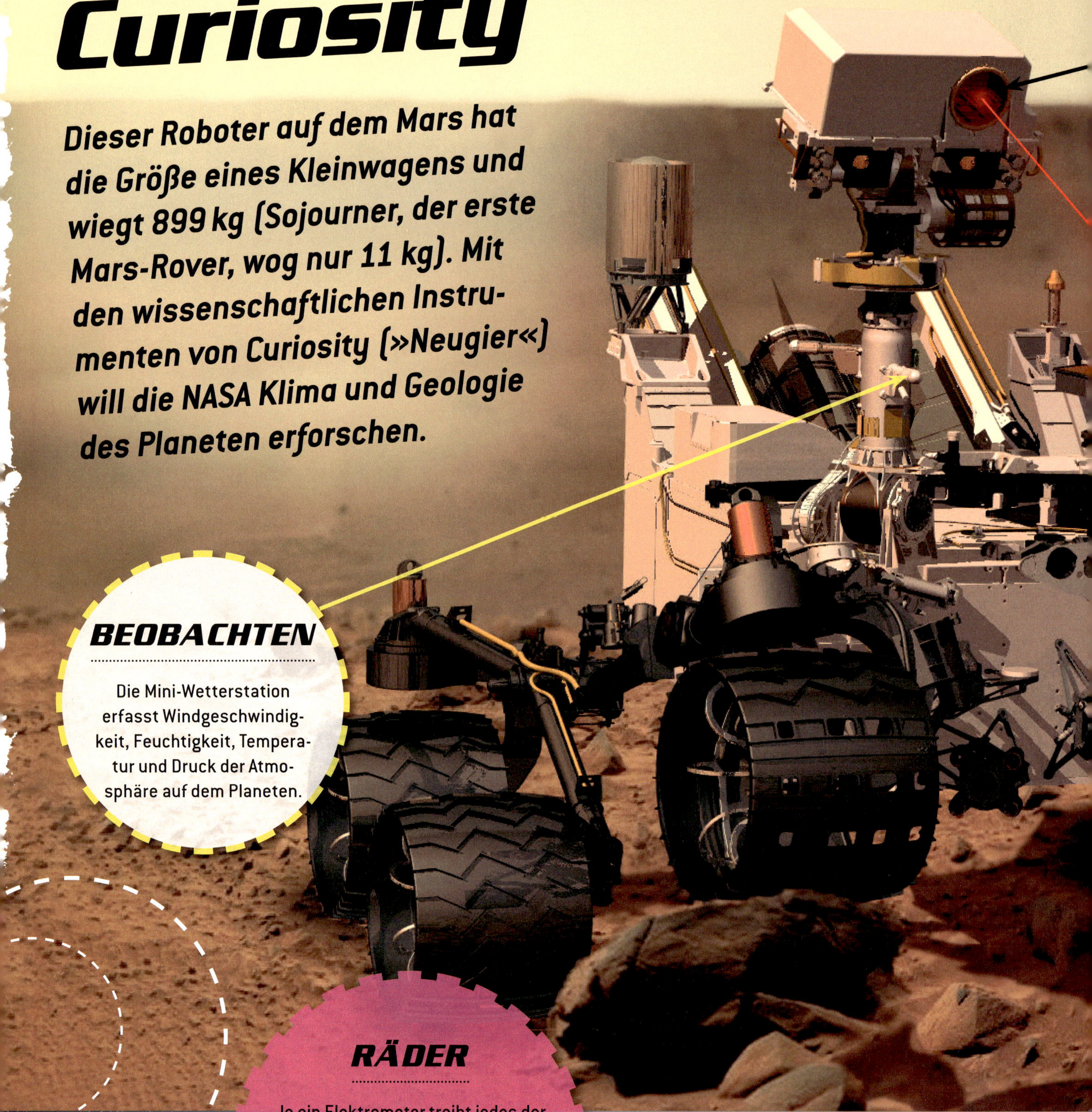

BEOBACHTEN

Die Mini-Wetterstation erfasst Windgeschwindigkeit, Feuchtigkeit, Temperatur und Druck der Atmosphäre auf dem Planeten.

RÄDER

Je ein Elektromotor treibt jedes der sechs Aluminiumräder mit 50 cm Durchmesser an. Die Räder sitzen an beweglichen Beinen, damit der Rover über Steine fahren kann und auch bei 45° Neigung nicht umkippt.

WISSENSCHAFTSLABOR

Im Inneren des Roboters werden Gesteinsproben analysiert, um herauszufinden, ob es auf dem Mars jemals Leben gegeben hat.

CHEMCAM

Dieses wissenschaftliche Instrument beschießt mit einem eng gebündelten Laserstrahl kleine Proben von Marsgestein, um es zu verdampfen. Dadurch kann das Gerät ermitteln, ob lebenswichtige Chemikalien wie Sauerstoff, Kohlenstoff und Wasserstoff vorhanden sind.

ROBOTERHAND

Am Ende des 2,1 m langen Arms sitzen Werkzeuge, darunter eine Probenschaufel, eine Bürste zum Entfernen von Staub sowie ein Bohrer, der 5 cm tiefe Löcher zur Probenentnahme bohren kann.

MASTCAM

Zwei hochauflösende Farbkameras können 3D- und 2D-Fotos sowie Videos aufnehmen. In seinem ersten Betriebsjahr sendete Curiosity über 36 000 Bilder, darunter das erste Selfie vom Mars.

STROM AUS PLUTONIUM

Die beiden großen Batterien des Rovers lädt ein Generator. Er erzeugt Strom aus der Zerfallswärme von 4,8 kg radioaktiven Plutoniumdioxids, das für 14 Betriebsjahre reicht.

Mit Robotern lernen

Viele Roboter findet man in Schulen und Labo-ren. Hier forscht man mit ihnen und lernt, sie so zu programmieren, dass sie agieren und auf ihre Umgebung reagieren.

LEGO MINDSTORMS

Die beliebten, 1998 eingeführten Roboterbausätze gibt es in der dritten Generation. Man kann damit seine eigenen Maschinen (rechts) aus LEGO-Bausteinen und Teilen wie Motoren, Sensoren und einer programmierbaren Steuerung bauen.

SERVO

Diese kleinen Elektromotoren bewegen Teile des Roboters wie z. B. Beine, Greifklauen oder Hände. Sie werden vom Batteriepack des Roboters versorgt.

LERNROBOTER

Zur Ausbildung und als Hobby gedachte Roboter kamen erstmals in den 1980er-Jahren auf. Darunter waren Geräte wie der Androbot Topo, GRC RB5X und Heathkit Hero Jr. Heutige Lernroboter reichen von einfachen Bausätzen wie Cybot oder Arduino bis zu hoch entwickelten humanoiden Robotern wie NAO (siehe Seiten 48–49) und DARwIn-OP (oben).

ULTRASCHALLSENSOR

Dieser Sensorblock misst Entfernungen von 3 cm bis 233 cm. Dazu sendet er Signale und berechnet, wie lange sie brauchen, um von Gegenständen zurückgeworfen zu werden.

MIKRO-COMPUTER

Der Mikrocomputer in diesem großen Baustein steuert den Roboter und alle seine Teile. Die Steuerung lässt sich über eine Reihe von Computersprachen programmieren. Unten hat der Baustein sechs Buchsen, an die man Sensoren und andere Geräte anschließen kann.

STARKE STEUERUNG

EV3 ist die neueste und leistungsstärkste Steuerung von LEGO Mindstorms. Sie steuerte den Roboter CubeStormer III, der mit nur 3,26 Sekunden den Weltrekord für das Lösen eines Zauberwürfels hält!

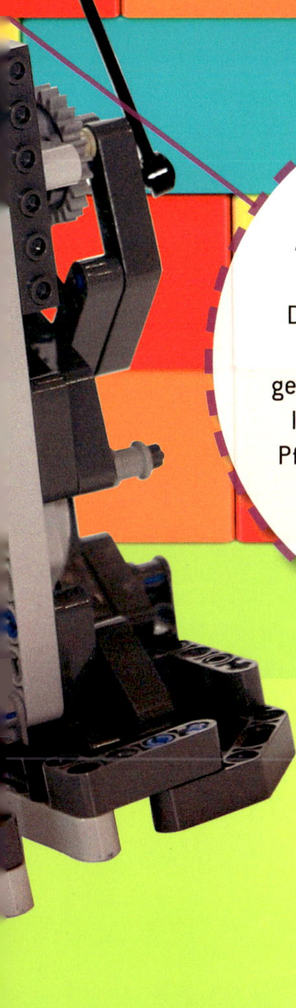

BERÜHRUNGSSENSOR

Dieser Sensor sendet ein Signal an die Steuerung, wenn er an etwas gestoßen ist, er gedrückt oder wieder losgelassen wird. Auch die beiden Pfeiltasten und die orange Taste auf der Steuerung lassen sich als Berührungssensoren programmieren.

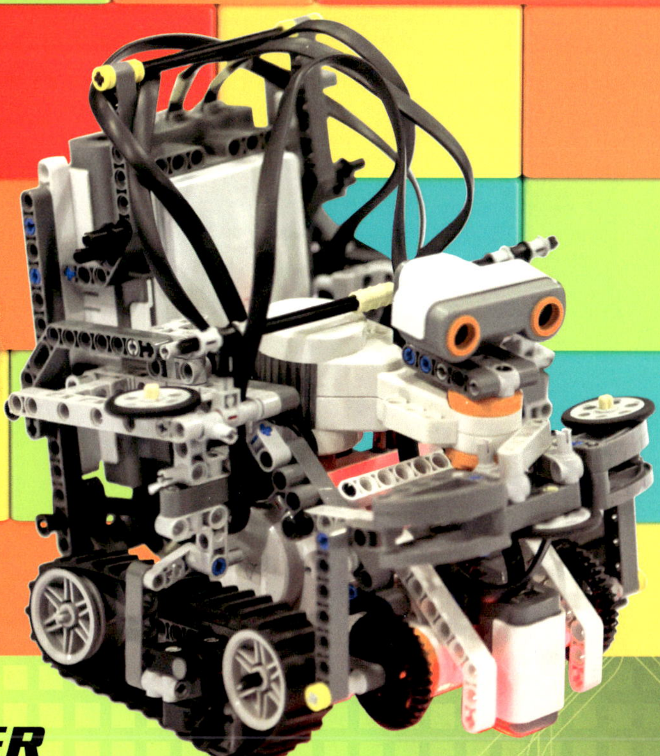

WETTKÄMPFER

Schulen, Studenten- und Hobbygruppen treten mit Robotern oft in Wettkämpfen an. Der Mindstorms-Roboter (oben) nahm 2016 an einem Wettkampf bulgarischer Schulen teil, er konnte mit Lichtsensoren einer kurvigen schwarzen Linie folgen.

ROBEAR

Man entwickelt auch Roboter, die Patienten im Krankenhaus und verletzten Soldaten im Kampfgebiet helfen sollen. Der vom japanischen Riken-Institut gebaute ROBEAR soll Patienten in Krankenhäusern und Pflegeheimen aus Betten und Rollstühlen heben.

KOPF

Um Patienten zu beruhigen, sieht ROBEAR aus wie ein freundlicher junger Eisbär. Sein Kopf enthält Kameras und andere Sensoren. Sie messen die Entfernung zu dem Patienten und zu seinem Bett oder Rollstuhl. Gesteuert wird der Roboter von Menschen, entweder durch Berührung seiner Arme, um den Roboter zu bewegen, oder über einen Android-Tablet-PC.

RUMPF

Über ein Mikrofon im Rumpf kann ROBEAR Anweisungen von Menschen empfangen. Außerdem sitzen hier mehrere Lithium-Ionen-Batterien, die dem Roboterprototyp mit einer Ladung eine Betriebszeit von etwa vier Stunden ermöglichen.

BASIS

Der Roboter bewegt sich auf Rädern unter seiner ausladenden Basis. Die spreizbaren Beine verteilen das Gewicht des 140 kg schweren Roboters und der Last, die er trägt. So kann er nicht kippen, wenn er sich nach vorn beugt. Wenn der Roboter nicht gebraucht wird, lassen sich die Beine einziehen, um Platz zu sparen.

HIGH-TECH-HELFER

Durchschnittlich 40-mal pro Tag heben Pfleger Patienten aus oder in das Bett oder den Rollstuhl und belasten dabei ihren Rücken. Roboter, die diese schwere Aufgabe überwacht übernehmen, wären also eine große Hilfe.

GEPOLSTERT

Weich gepolsterte Arme halten den Patienten, wenn der Roboter ihn hoch oder runter hebt. ROBEAR kann bis zu 80 kg heben. Die Elektromotoren treiben die Arme langsam und genau an, um den Patienten so schonend wie möglich zu bewegen. Sensoren in den Armen wiegen den Patienten, um die genaue Hubkraft zu ermitteln.

BEAR

Der Battlefield Extraction Assist Robot (BEAR) ist ein amerikanischer Prototyp zur Rettung verletzter Soldaten, die er mit den großen paddelförmigen Armen wie ein Gabelstapler anhebt. Mit seinen robusten Gummiketten kann BEAR unwegsames Gelände, steile Steigungen und sogar Treppen überwinden.

LS3

Auch das Legged Squad Support System LS3 (oben) wurde für militärische Anwendungen entwickelt. Der vierbeinige Roboter ist so groß wie ein Pferd, kann Soldaten begleiten und dabei 180 kg Vorräte und Ausrüstung tragen.

Seltsame Roboter

Es gibt auch einige sehr seltsame Roboter mit besonderen Fähigkeiten: von Affen über Schauspielern bis hin zu rasenden Läufern und Reisenden.

NACHGEÄFFT

RoboSimian ist Affen nachgebaut, kann aber auf dem Boden krabbeln wie eine vierbeinige Spinne. Der Roboter hat 14 Kameras und kann mit jeder seiner vier langen, gelenkigen Gliedmaßen Gegenstände bewegen und handhaben. Er kann damit Klimmzüge machen, über Hindernisse klettern und sich durch Lücken schwingen.

FAHRRADFAHRER

Der japanische MURATA BOY ist ein 50 cm großer humanoider Roboter, der dank seiner zahlreichen Sensoren auf einem kleinen Fahrrad Steigungen und Kurven fahren kann. Die Sensoren erfassen ständig Lage und Position des Roboters, sodass er Hindernisse erkennen und umgehen und sein Gleichgewicht sogar im Stillstand halten kann.

EMUU

Dieses seltsame Objekt ist tatsächlich ein Roboter! Er kann seine einzelne Augenbraue und seinen Mund so bewegen, dass er Glück, Wut oder Traurigkeit ausdrücken kann.

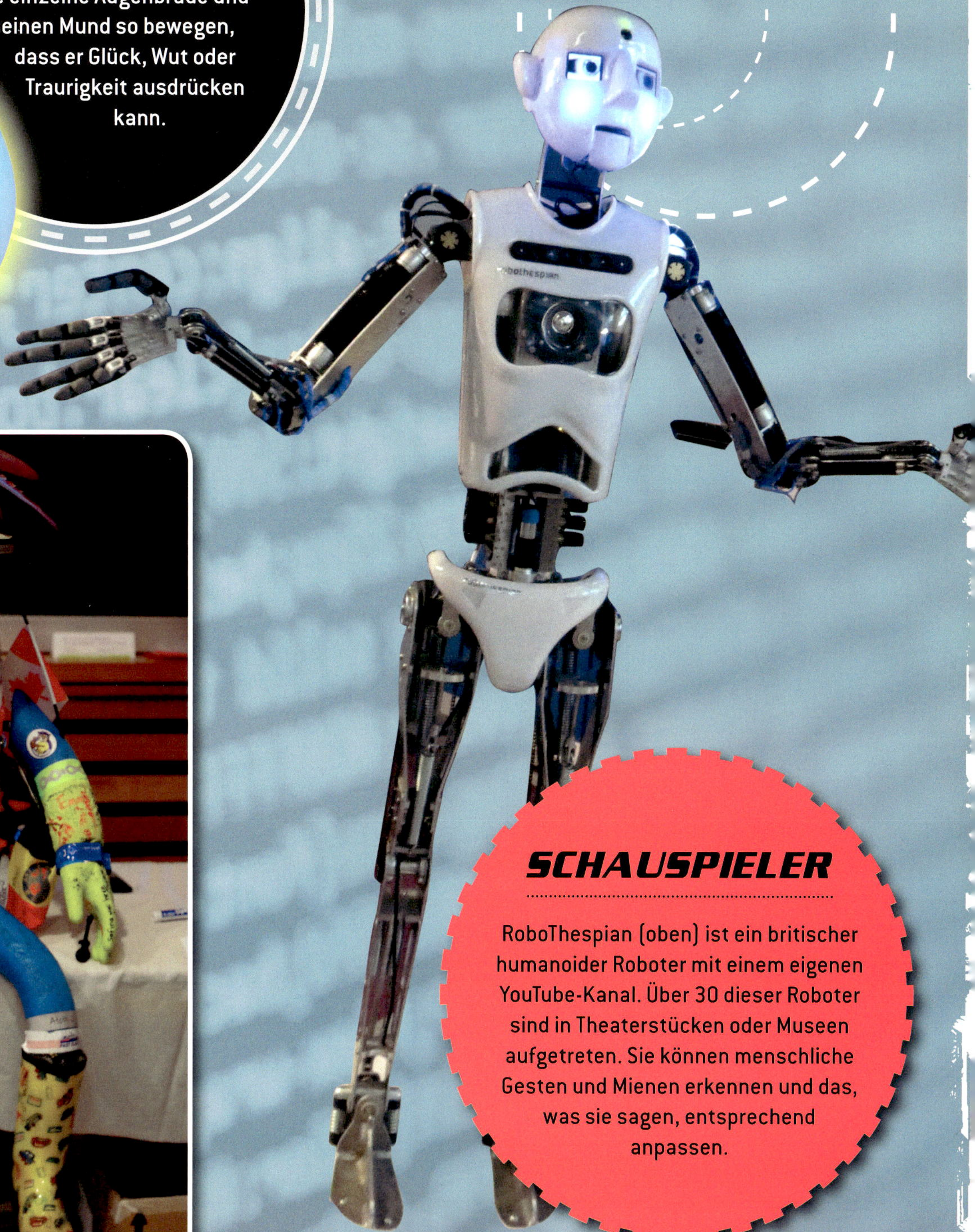

SCHAUSPIELER

RoboThespian (oben) ist ein britischer humanoider Roboter mit einem eigenen YouTube-Kanal. Über 30 dieser Roboter sind in Theaterstücken oder Museen aufgetreten. Sie können menschliche Gesten und Mienen erkennen und das, was sie sagen, entsprechend anpassen.

HITCHBOT

2014 reiste dieser Roboter mit einem Plastikeimer als Körper in 26 Tagen quer durch Kanada, 2015 durch Europa. Er konnte nicht laufen, aber sprechen und bat um Mitfahrgelegenheiten. Mit dem eingebauten GPS verfolgte er seine Position und machte mit einer Kamera Schnappschüsse seiner Reise.

Roboter der Zukunft

Roboter haben eine lange Entwicklung hinter sich, aber noch viel vor sich. Fortschritte bei Computern, Software, Sensoren und Werkstoffen versprechen eine spannende Zukunft. Welchen Robotern begegnen wir wohl zukünftig?

FAHRERLOSE FAHRZEUGE

Auf den Straßen der Zukunft könnten Roboterautos untereinander kommunizieren und ihre Geschwindigkeit und Richtung anpassen, um Unfälle und Staus zu vermeiden. Entwickelt werden sie bereits von Firmen wie Google (rechts), Tesla, Volvo und vielen anderen. Seit 2016 fahren in der Schweiz, seit 2017 in Deutschland erste autonome Elektrobusse. Mit einer Reihe verschiedenartiger Sensoren nehmen sie ihre Umgebung war und stellen ihr Fahrverhalten darauf ein.

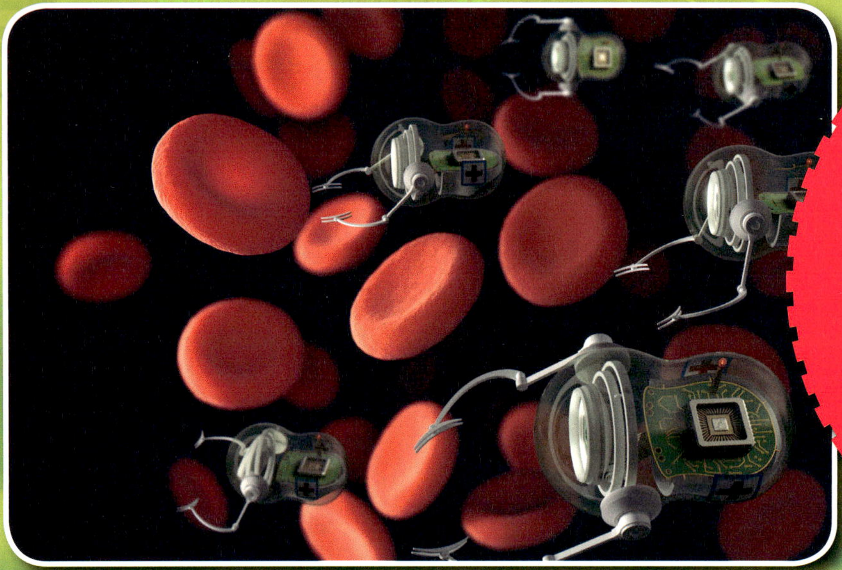

Diese künstlerische Darstellung zeigt Nanobots im Blut. Sie haften sich jeweils an eine kranke Zelle und injizieren Medikamente zur Heilung.

NANOBOTS

Ein Nanometer ist ein milliardstel Meter. Bei der Nanotechnologie geht es um winzige Maschinen, z. B. »Nanobots«. Solche mikroskopisch kleinen Roboter könnten in Adern injiziert Blutgefäße reinigen oder Krankheiten bekämpfen. Andere Nanobots könnten Umweltverschmutzungen beseitigen oder Maschinen und Werkstoffe von innen reparieren.

ROBOTERSCHWÄRME

Viele kleine Roboter oder Nanobots könnten bei Such- und Rettungsaktionen oder bei der Beseitigung von Ölkatastrophen zusammenarbeiten. Die US-Universität Harvard hat bereits 1024 »Kilobots« für die Zusammenarbeit in einem Roboterschwarm-Prototyp programmiert.

PERSÖNLICHE HELFER

Fortschritte bei Bewegung und Intelligenz von Robotern lassen Menschen immer stärker auf ihre Begleitroboter vertrauen. Solche vielleicht durch Gedanken steuerbaren Roboter könnten für junge Menschen Babysitter und Lehrer sein, mit ihnen aufwachsen und »ihre Menschen« später bei Krankheit oder im Alter pflegen.

ROBOTER BAUEN ROBOTER

In der Zukunft könnte man Roboter in entlegene Gegenden auf der Erde oder in den Weltraum schicken, wo sie mit 3D-Druckern und anderen Technologien sich selbst und andere Maschinen zusammenbauen. Man könnte sie auf den Mond, Mars oder einen Asteroiden vorausschicken, um eine Basis für eine spätere menschliche Kolonie zu errichten.

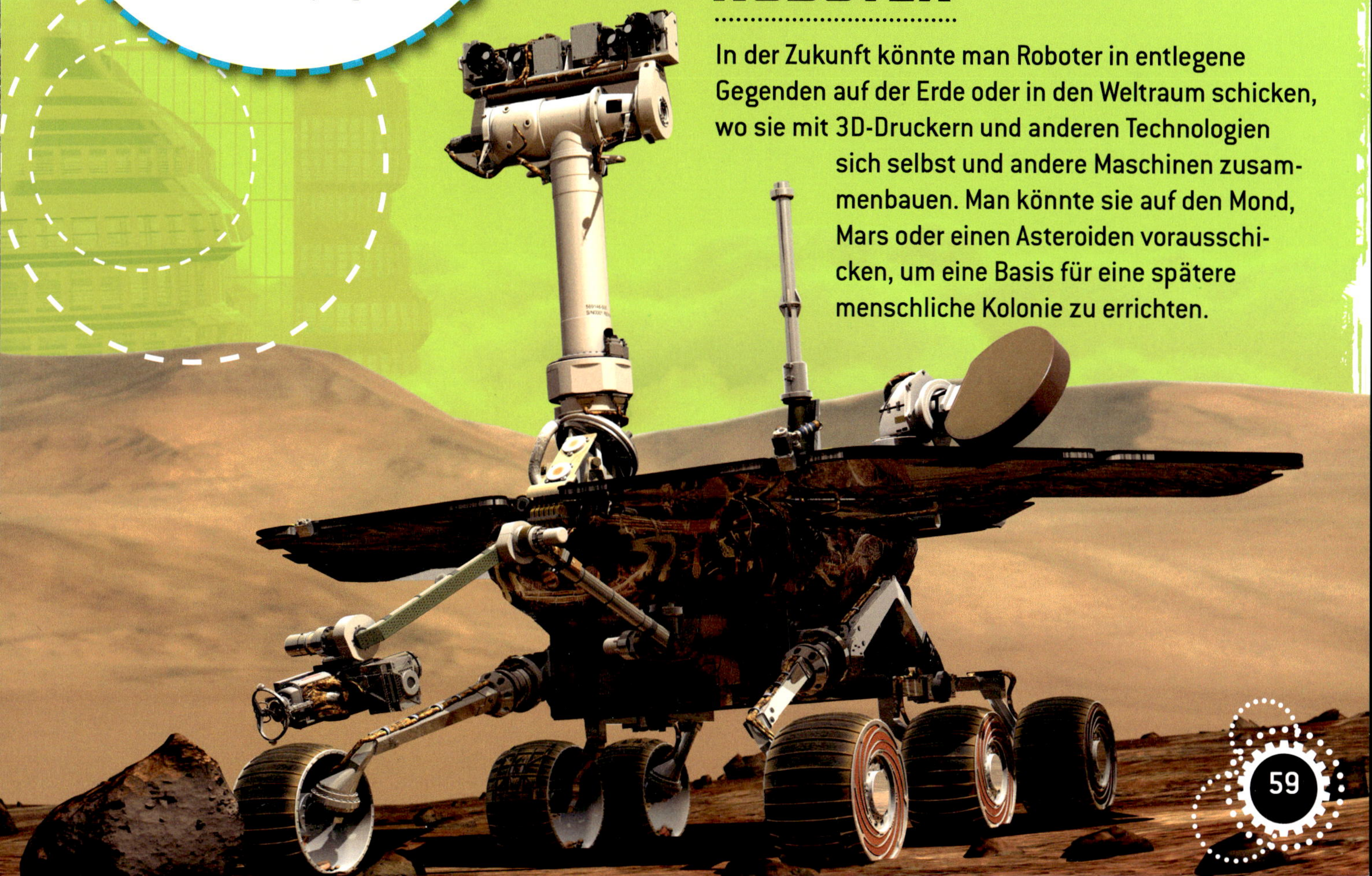

Baue deinen Roboter

Vielen Leuten macht es Spaß, ihren eigenen Roboter zu bauen. Hier stellen wir eine einfache Maschine vor, die bei der Bewegung über ein großes Stück Papier zufällige Zeichnungen anfertigt. Du kannst sie auch mit Textilfarbstiften ausrüsten, um Stoffstücke zu bemalen.

SICHERHEIT

Bitte einen Erwachsenen, dir mit der Klebepistole zu helfen.

DU BRAUCHST:

- einen Einwegbecher
- einen Bleistift
- ein Stück Pappe, etwas größer als die offene Seite des Bechers
- Klebstoff
- einen Zirkel
- eine Heißklebepistole
- zwei AA-Batterien mit Halterung
- einen 1,5-Volt-Gleichstrommotor
- eine etwa 5 mm dicke Korkscheibe
- eine große Büroklammer
- drei dicke Filzstifte
- Kreppklebeband
- ein großes Blatt Papier

1.

Ziehe um die offene Becherseite einen Kreis auf der Pappe. Klebe den ausgeschnittenen Kreis auf den Becherboden. Stich mit dem Zirkel ein Loch durch Pappe und Becherboden.

2.

Lege die Batterien in ihre Halterung. Setze den Deckel so, dass der Schalter zugänglich ist. Klebe die Batteriehalterung mit der Klebepistole in den Becher.

3.

Schiebe die Drähte von der Batteriehalterung durch die Löcher. Platziere den Motor so gegenüber der Batteriehalterung, dass die Welle über den Rand der Pappe ragt. Klebe den Motor mit der Klebepistole fest.

4.

Verbinde die beiden Drähte mit den Anschlüssen am Motor, um den Stromkreis zu schließen. Probiere den Motor aus, indem du den Schalter am Batteriepack kurz einschaltest.

5.

Bohre mit dem Zirkel ein Loch in die Korkscheibe, etwa 5 mm vom Rand entfernt. Schiebe die Korkscheibe auf die Motorwelle. Sie muss fest sitzen. Falls sie zu lose sitzt, klebe sie mit einem Tropfen Klebstoff fest. Lass die Korkscheibe trocknen.

6.

Klebe die Büroklammer mit der Klebepistole außen an die Korkscheibe. Lass sie trocknen.

7.

Klebe die drei Filzstifte mit Kreppband außen an den Becher. Nimm die Kappen der Stifte ab. Setze die Maschine auf ein großes Blatt Papier und schalte sie ein. Beobachte, wie dein Roboter zeichnet!

GLOSSAR

Aktuator
Auch »Aktor« genannt. Ein Antriebselement, das elektrische Steuersignale in mechanische Bewegung umsetzt.

Antenne
Ein Gerät, das über Funkwellen Signale empfangen und senden kann, häufig ein Draht oder ein langes, dünnes Metallrohr.

Antriebssystem
Alle Teile des Roboters, die gemeinsam dem Roboter oder seinen Teilen die Bewegung ermöglichen.

Asteroid
Ein großer Felsbrocken, der im Weltraum um die Sonne kreist.

Automaten
Lebensechte mechanische Figuren, die mit Federn, Hebeln, Zahnrädern und anderen Bauteilen die Bewegungen von Menschen oder Tieren nachahmen.

Autonom
Beschreibt eine Maschine, die Entscheidungen trifft und selbstständig arbeitet.

Drohne
Ein unbemanntes Luftfahrzeug, das autonom durch einen Computer oder durch Menschen am Boden ferngesteuert fliegt.

Endeffektor
Ein Gerät oder Werkzeug am Ende eines Roboterarms, z. B. eine Greifhand, ein Schweißgerät oder eine Farbspritzpistole.

Feedback
Englisch für »Rückmeldung«. Informationen über einen Roboter oder seine Umgebung, die von Sensoren an die Robotersteuerung gesendet werden.

Freiheitsgrade
Die verschiedenen Richtungen, in die sich ein Roboter bewegen kann.

FTF
Abkürzung für »Fahrerloses Transportfahrzeug«. FTF fahren unbegleitet auf bestimmten Wegen durch Fabriken oder Werksgelände.

Global Positioning System (GPS)
Ein Navigationssystem, bestehend aus einer Vielzahl von Satelliten. Sie umkreisen die Erde und ermöglichen eine genaue Positionsbestimmung.

Greifer
Ein Endeffektor, mit dem ein Roboter Gegenstände greifen und handhaben kann.

Humanoid
Beschreibt einen Roboter, der teilweise oder komplett menschenähnlich aussieht oder der menschenähnliche Aktionen ausführen kann.

Hydraulik
Ein Antriebssystem für Roboterteile, das mit Flüssigkeiten in Zylindern arbeitet.

Joystick
Ein Steuerelement, bestehend aus einem in mehrere Richtungen beweglichen Hebel, der die Bewegung eines Roboters beeinflusst.

Mikrochirurgie
Feinfühlige und genaue medizinische Verfahren, bei denen der Arzt durch ein Mikroskop schaut und winzige Instrumente benutzt, z. B. bei der Reparatur von Blutgefäßen.

Nanotechnologie
Die Wissenschaft vom Bau von Maschinen und Robotern, die nur Nanometer (milliardstel Meter) groß sind.

Pneumatik
Ein Antriebssystem für Roboterteile, das mit Druckluft oder anderen Gasen arbeitet.

Radar
Ein System, das Entfernungen misst, indem Funkwellen von Objekten zurückgeworfen werden.

Reibung
Eine Kraft, die zwischen zwei Oberflächen wirkt, die aufeinanderreiben oder -gleiten.

RoboCup
Ein internationaler Wettbewerb, in dem Roboter in verschiedenen »Sportarten« gegeneinander antreten. Besonders bekannt sind die Fußballspiele.

Rover
Englisch für »Wanderer«. In der Raumfahrt ein bemanntes oder ferngesteuertes motorisiertes Landfahrzeug zum Erkunden fremder Himmelskörper.

Sensor
Ein Bauteil, das Informationen über einen Roboter oder seine Umgebung erfasst.

Servomotor
Auch kurz »Servo« genannt. Ein spezieller kleiner, sehr genau steuerbarer Elektromotor.

Solarzelle
Ein spezielles Bauteil, das Sonnenlicht in elektrischen Strom umwandelt.

Steuerung
Die Baugruppe des Roboters, die Entscheidungen trifft und den anderen Baugruppen Anweisungen gibt; in der Regel ein Computer.

Strahlung
Die Übertragung von Energie in Form von Wellen oder Strahlen. Starke Strahlung, die durch eine nukleare Reaktion verursacht wird, kann sehr gefährlich sein.

Wasserkanone
Ein Gerät, das den Zündmechanismus in einer Bombe zerstört, um zu verhindern, dass sie explodiert.

REGISTER